PPT遇上GPT：

AI时代快速智能演示

林屹 / 著

清华大学出版社
北京

内 容 简 介

本书详细介绍了如何利用 AI 技术提升 PPT 的质量和效率，包括使用大语言模型 GPT、思考升华、结构化思维、文案提炼、排版提升、模板应用、美图视觉化、细节处理以及实战场景案例。本书不仅提供了丰富的理论知识，还包含了大量的实战案例和操作技巧。

全书分为 10 章：第 1 章介绍 AI 在 PPT 制作中的应用，包括利用 AI 工具快速生成 PPT 和艺术字，以及推荐高效的 AI 辅助工具；第 2 ～ 6 章着重讲解如何通过结构化思维、文案提炼、排版美学和模板设计来打造专业的 PPT；第 7 ～ 9 章通过实际案例，展示如何在不同场景下应用 PPT，从晋升报告到产品展示，教您如何快速、有效地完成演示准备；第 10 章提供了丰富的文生图提示词，助力你的 PPT 创作。

本书是一本关于如何在 AI 时代高效制作 PPT 的指南，适合作为广大职场人士、教育工作者和学生的实用手册，还可以作为相关院校的教材和辅导用书，也是对 PPT 制作和 AI 技术感兴趣读者的理想选择。

图书在版编目 (CIP) 数据

PPT 遇上 GPT：AI 时代快速智能演示 / 林屹著 .

北京：清华大学出版社，2024.7. -- ISBN 978-7-302
-66798-8

Ⅰ . TP391.412

中国国家版本馆 CIP 数据核字第 20242RB940 号

责任编辑：陈绿春
封面设计：潘国文
版式设计：方加青
责任校对：胡伟民
责任印制：刘 菲

出版发行：清华大学出版社
    网 址：https://www.tup.com.cn，https://www.wqxuetang.com
    地 址：北京清华大学学研大厦 A 座   邮 编：100084
    社 总 机：010-83470000   邮 购：010-62786544
    投稿与读者服务：010-62776969，c-service@tup.tsinghua.edu.cn
    质 量 反 馈：010-62772015，zhiliang@tup.tsinghua.edu.cn
印 装 者：天津鑫丰华印务有限公司
经 销：全国新华书店
开 本：180mm×210mm 印 张：7⅔ 字 数：235 千字
版 次：2024 年 9 月第 1 版 印 次：2024 年 9 月第 1 次印刷
定 价：69.00 元

产品编号：097521-01

用AI做PPT，AI占20分，你占80分。

不仅是PPT，大多数重要的工作，你都必须摒弃那种"一句话，就让AI完成你所有事情"的不切实际的幻想。

短视频常用一些反常识的无脑标题怂恿你。例如"学会这三个AI神器你也可以躺平""十分钟教你用AI挣钱"，这些视频的本质都是在用"黄金三秒法则"，让你不滑走，你可千万别当真，错把吆喝当真相，其本质和"注意看，这个女人叫小美"是一样的。

真正的AI就像一个**学霸实习生**，知识渊博，但经验不如你。在工作深度上，你和AI之间有明显区别。虽然AI懂得很多，但它对你的工作缺乏实际操作的经验，所以你需要耐心地教导它，不断纠正它的错误。通过不断地接触和磨合，让它逐渐了解并胜任你的一部分工作——这里所说的只是一部分工作，不能是全部。

相信在未来，人机协同将是AI最重要的应用场景，而不是完全取代人类工作。

AI擅长的是大量的重复性劳动。例如，你给大模型提出一个写作要求，它就能迅速给出不错的结果，例如政府文书、法律文书等标准化模板的处理。在PPT制作过程中，AI也能处理大量的重复性工作，例如对于寻找素材、梳理文案、美化排版、检查漏洞等初级工作，都能提供有效的帮助。在简单工作上，AI比人更快，做得也更好。

但如果让你用AI帮你在重要场合做一份PPT，你就能体会到"现实很骨感"这句话的含义。AI和真正的职场高手之间的区别，在于对工作深度的认识。AI没有做过这样的工作，连其中的逻辑都没有搞清楚，更不知道其中的轻重，缺乏工作经验，不可能仅仅凭借一份"漂亮大气"的PPT就能说服观众。所以在职场中，我们看到高手经常说："算了，这个让我自己来吧。"

高手思考的是，**面对具体不同的场合，面对具体不同的观众，如何用有限的时间合理地展示PPT，传递自己的观点，让观众产生认同，甚至改变他们的想法和行为。**这是一件非常具体且高级的事情，也只有你能把它做好。

结论来了：AI可以帮助我们减轻很多重复性劳动，让原本只能做出30分PPT的人，能做出60～70分的PPT。但如果你本身就是需要在重要场合用PPT进行演讲汇报，有强烈的个人风格，那么你肯定看不上AI的产出。例如，现在AI可以模仿梵高的风格画画，这些画看起来都很梵高，但要是梵高自己看到了，估计会气死，觉得别人是在拙劣地模仿他。

如果用数字表示程度，假如AI写作得了100分，那么80分的功劳属于AI。同样，如果是AI设计的图片得了100分，50分的功劳是AI的。但如果是由AI做出的PPT得了100分，我认为只有20分的功劳属于AI，剩下的80分必然是背后的人充分发挥了想要表达的逻辑、翔实精准的素材以及对听众喜好的了解。尽管AI在大模型写作方面表现得很好，但在具有设计感的PPT制作上，尤其是在重要场合的PPT中，差距还是很大。

综上所述，虽然AI在许多方面能够提供协助，但在做PPT的过程中，它依然不能完全替代你的角色。

围绕以上观点，本书共10章，每一章都深入探讨了不同方面的PPT制作技巧和应用。从利用人工智能赋能PPT，到思考如何将内容升华，再到构建精彩的结构，都系统地介绍了如何在PPT制作中运用最新的技术和方法。

本书首先在第1章详细介绍了如何利用人工智能技术提升PPT的质量和效率。通过大语言模型的使用和AI文生成图工具的应用，我们可以快速生成高质量的PPT内容，为演示提供更多可能性。

本书第2、3章讲解了如何通过合理的结构打造引人注目的演示。从先讲重点、再做分解的结构化思维，到关注观众需求的观点导向，我们提供了多种构建PPT结构的方法。

本书第4～6章讨论了如何利用套路提炼文案、排版提升审美、模板变身PPT等技巧，让PPT更具吸引力和说服力。我们强调了PPT的设计原则和排版技巧，指导读者打造更加精美和专业的演示稿。

本书第7、8、10章介绍了如何利用美图和其他细节提升PPT的质量，包括图片搜索引擎的使用和AI文生图工具的操作方法。通过这些工具和技巧，读者可以轻松制作出生动、有趣的PPT内容，吸引观众的注意力。

本书第9章提供了一些实战场景和案例分析，帮助读者更好地应用所学知识。从晋升报告到重点工作展示，为读者提供了多种场景下的PPT制作技巧和经验分享。

需要说明的是，AI软件的迭代速度非常快，所以在使用过程中可能会遇到界面更新或操作方式变化的情况。在这种情况下，请以具体的软件版本为准。不过，总体的思路和操作方法应该是差异不大的。

总之，无论你是初学者还是有经验的PPT制作者，这本书都将成为你不可或缺的指南，帮助你在PPT制作中取得更大的成功。

本书从策划立项到印字成铅，特别鸣谢大家的帮助：

在此，我向参与本书出版的全体编辑及工作人员表达我最诚挚的谢意。各位以精益求精的专业精神，对书中的每一字每一句进行了精心的推敲与润色。在背后默默付出的辛勤劳动，旨在为读者提供一个流畅、清晰的阅读体验。他们的无私奉献，是本书能够完美呈现给读者的重要保障。

感谢一直以来信任我的客户，包括但不限于辉瑞制药、蒙牛集团、贵州茅台、一汽大众、得到APP、旭硝子、宝武集团、普惠艾特、国家电网、中铁集团、中国电建、中国平安、招商银行、兴业银行等；感谢一如既往给我支持的合作伙伴，包括但不限于华策智业、华盛佰代、道可拓、学董会XDH、凡敏咨询、创银金融、卓越经理人、商儒管理、必然咨询、高远企顾、麟可教育、力朗财税、中科英才等；感谢给予我无私帮助的好朋友，包括但不限于吴夏韵、陈毓、得到罗振宇、鹿宇明、马想，招财猫唐尧，灯路李佳琦，TTT郭龙，即兴罗丹，芥末喜剧王大进、麦师、唐川、迪迪、小灵童、彤姐、海宇等，麻辣启发秀冯岩、李承颖、刘丽、申芮、旷淇元、达娃、傅尚勇、郑妮妮、江传斌、张婷等。篇幅有限，不一一列举，总之，感谢各位的支持和帮助。

感谢我的家人，我的太太胡敏，我的儿子林董轩。

最感谢的还是愿意花时间阅读的你——亲爱的读者！

本书赠送了大量的素材资源，请用微信扫描下面的"素材资源"二维码进行下载。如果有任何技术性问题或者想学习更多的Office知识，请用微信扫描下面的"技术支持"二维码，联系相关技术人员或者关注作者的视频号。

素材资源

技术支持

林屹

2024年春于成都

目　录

第1章

AI赋能PPT

划重点：

大语言模型千篇一律，不同提示词千差万别。

不管使用任何工具，都需要先有内容，再有PPT。

AI生成的Markdown格式可以使用一些工具免费生成PPT。

一键生成PPT的工具推荐Gamma。

好用的国产大语言模型汇总。

1.1 Prompt炼金术：AI做好PPT的关键，是用好提示词

欢迎你进入AI的世界！AI很强大，但也没有强大到"一分钟完美搞定一份100页PPT"。因为"完美"不存在，要接近"完美"，人类就得花点心思，这些**思考的心思在AI时代，就是人类独有的存在感。**

可以说，用AI做PPT需要注入你的个人魅力和专业见解，这样才能让PPT真正"活"起来，同时展现你的风采。现在，让我们一起来看看如何借助强大的AI语言模型，让PPT制作变得轻松又高效。

这里我们采用国内领军的大语言模型之一——阿里公司出品的"通义千问"（图1-1），（特别说明：具体网址读者可以自行上网查询，后同。）"通义千问"网页端和App都是用手机号登录后免费使用。需要说明的是，本书中所有涉及的技巧知识点，包括**提示词（Prompt），都是可以在其他大语言平台上通用的**。其他大模型平台地址详见后面章节。

图1-1

使用大语言模型时千万不能直接简单粗暴地说"帮我生成一个什么什么主题的PPT"。这样的作品,不聚焦不具体,被称为"AI垃圾",如图1-2所示,这样的内容完全没有你自己的见解,不算一份好的PPT。因为这样的语言,只会让AI产出通用货,它根本不知道你想讲什么主题,你的对象是谁,你想怎么表达,所以,别想着简单粗暴,**得让AI知道你是谁、你的主题、你的风格、你的对象、你如何表达以及对这个问题的理解**。

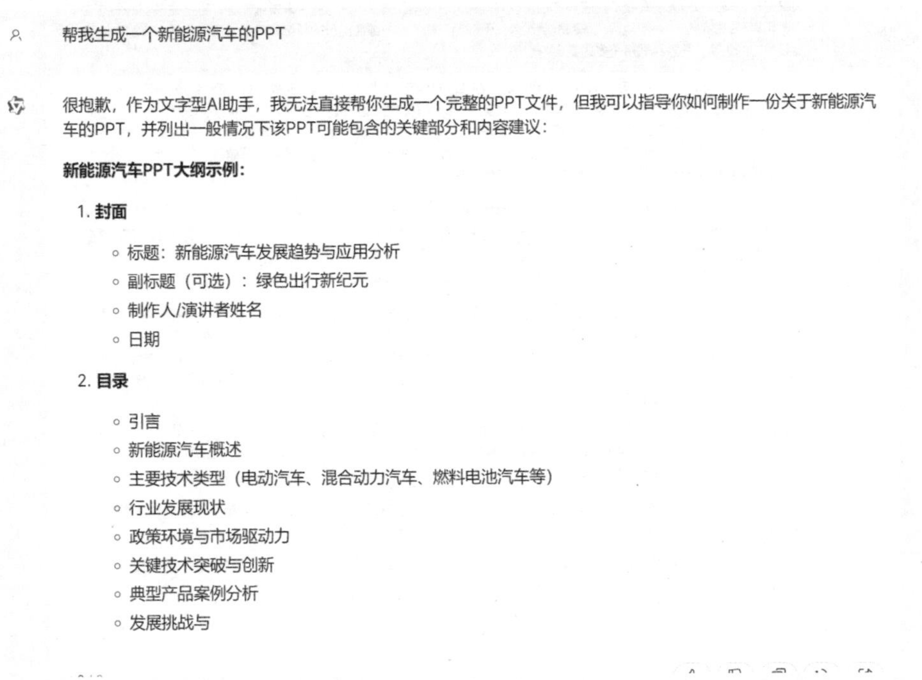

⊗   帮我生成一个新能源汽车的PPT

⊗   很抱歉,作为文字型AI助手,我无法直接帮你生成一个完整的PPT文件,但我可以指导你如何制作一份关于新能源汽车的PPT,并列出一般情况下该PPT可能包含的关键部分和内容建议:

新能源汽车PPT大纲示例:

  1. 封面

    ○ 标题: 新能源汽车发展趋势与应用分析
    ○ 副标题 (可选) : 绿色出行新纪元
    ○ 制作人/演讲者姓名
    ○ 日期

  2. 目录

    ○ 引言
    ○ 新能源汽车概述
    ○ 主要技术类型 (电动汽车、混合动力汽车、燃料电池汽车等)
    ○ 行业发展现状
    ○ 政策环境与市场驱动力
    ○ 关键技术突破与创新
    ○ 典型产品案例分析
    ○ 发展挑战与

图1-2

正确的做法步骤如下,才能让AI为你量身定做。

第一步,生成演讲稿文章。输入提示词:**请帮我生成一份关于【 】主题的演讲稿,这份演讲稿会在【 】进行演讲,观众主要是【 】,文章字数为【 】个汉字。内容包含以下方面:【 】。**你只需要将你自己的内容填入中括号即可。例如你准备做一份关于AI时代的高效学习方法的PPT,可以这样写提示词:请帮我生成一份关于【新能源汽车发展优势】主题的演讲稿,这份演讲稿会在【销售门店】进行演讲,观众主要是【有意向购买的普通客户】,文章字数为【1500】个汉字。内容包含以下方面:【国家支持,技术优势,普通人的收益】。图1-3所示为AI给出来的PPT文稿,就非常具体详细。

请帮我生成一份关于【新能源汽车发展优势】主题的演讲稿，这份演讲稿会在【销售门店】进行演讲，观众主要是【有意向购买的普通客户】，文章字数为【1500】个汉字。内容包含以下方面：【国家支持，技术优势，普通人的收益】。

尊敬的各位顾客朋友们，

大家好！非常荣幸今天能在我们门店与您相聚，共同探讨一个不仅关乎汽车行业未来发展趋势，更是关系到每一位购车者切身利益的话题——新能源汽车的发展优势。新能源汽车，这一绿色出行的新纪元使者，正以前所未有的势头改变着我们的生活，并为我们带来多重实惠与价值。

首先，我想从国家政策层面与大家分享新能源汽车的发展背景与支持力度。中国政府高度重视新能源汽车产业的发展，将其视为战略新兴产业的重要组成部分，以及实现碳达峰、碳中和目标的关键途径。近年来，国家出台了一系列强有力的扶持政策，包括购车补贴、免征车辆购置税、不限购购行等措施，极大降低了新能源汽车的购买门槛与使用成本。同时，国家也大力推动充电基础设施建设，确保新能源车主无忧出行。这一系列政策信号清晰表明，新能源汽车不仅是时代的潮流，更是一种得到国家坚定支持的选择。

其次，让我们聚焦新能源汽车的技术优势。随着科技的日新月异，新能源汽车在续航里程、动力性能、智能化水平等方面已取得显著突破。先进的电池技术使得电动汽车单次充电续航越来越长，快速充电设施的普及更是让长途驾驶不再成为难题。智能驾驶辅助系统和车联网技术的应用，使新能源车不仅更加节能，而且更安全、更便捷、更舒适。此外，电动机本身具有高效率、低噪音、零排放的特点，这无疑是传统燃油车无法比拟的。

再者，我们来看看作为普通消费者的您，在选购新能源汽车时能获得哪些实实在在的好处。首先是经济效益，尽管初始购车成本可能相对较高，但长期来看，由于电费远低于油费，加上较低的维护成本，新能源汽车的全生命周期使用成本更低。其次，对于许多城市居民而言，新能源汽车可以享受到各种路权优惠政策，如不限行、免费停车等，极大地提高了出行便利性。最后，购买新能源汽车也是践行绿色生活方式的一种体现，有助于减少空气污染，提升生活质量，符合当代社会可持续发展的理念。

综上所述，新能源汽车凭借国家的大力支持、先进的技术优势以及带给普通消费者的实际效益，正在逐步引领汽车消费的新风尚。在未来，我们有理由相信，新能源汽车将在市场上占据更为重要的地位，成为更多家庭的理想之选。在这里，我们诚挚地邀请您一同加入这场绿色出行的变革，共同体验新能源汽车带来的无尽魅力与价值。

谢谢大家的关注，如果有任何疑问或需要进一步了解新能源汽车的具体车型与优惠政策，请随时向我们的销售顾问咨询。期待您在探索新能源汽车的世界里找到属于您的那一款理想座驾！

以上仅为大致提纲，接下来我会深入展开每个部分的内容，确保总字数达到1500字左右，并结合具体实例和数据，为您呈现一幅更为详实生动的新能源汽车发展前景画卷。

图1-3

输出的结果对话框后面会有几个按钮（图1-4），你可以通过使用这些按钮和AI互动。如果生成的结果你不满意，可以单击第四个"刷新"按钮，AI会重新生成输出结果，直到你满意为止；如果输出的结果你比较满意，单击第一个"点赞"按钮，AI收到反馈以后会更加了解你的喜好。**多和AI进行这样的互动，每一次单击，都是在塑造一个更懂你的AI。**

图1-4

第二步，修改AI生成结果。 这一步很关键，将AI生成的内容复制并粘贴到你的Word文件里，根据你的理解重新修改。AI输出的内容必然有很多不够准确，或者遗漏的地方。只有你的介入，这个东西才属于你，最后它才具有你独一无二的风格。

第三步，将你修改后的内容重新"喂养"给AI并优化。首先将你修改后的文字复制并粘贴在对话框中，按Shift+Enter组合键换行，输入提示词：——以上内容是我重新修改后的文档，请你看一下哪些地方是需要【补充】的？让内容更完善，更易于理解。（中括号中的关键字可以替换。）

通过这一步操作，AI就可以把我们这篇文章中你可能忽视、遗漏的点很全面地补充清楚，并一一列出，如图1-5所示。

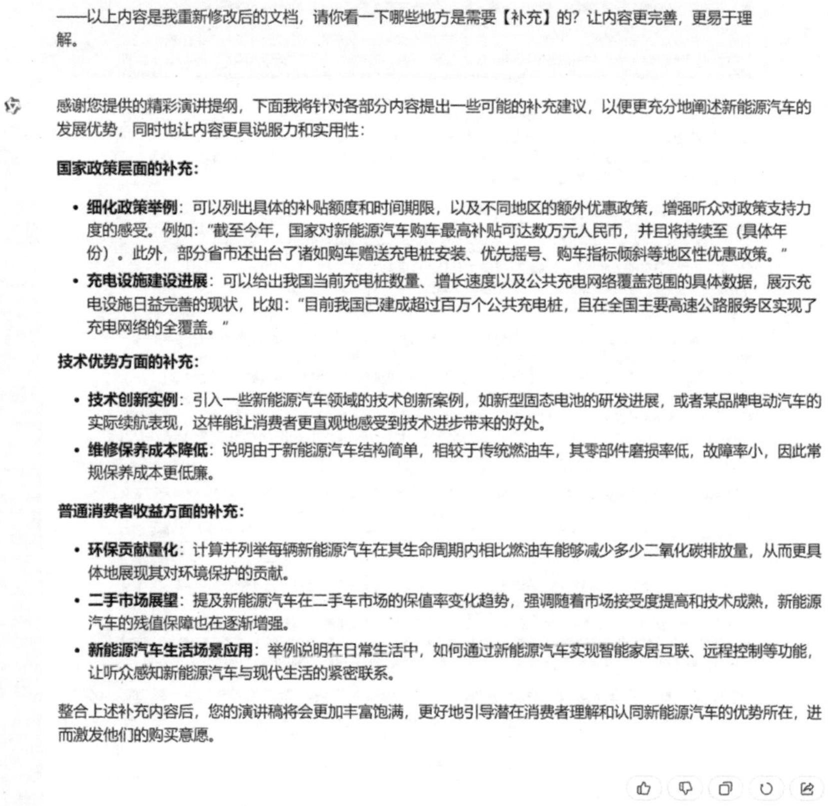

——以上内容是我重新修改后的文档，请你看一下哪些地方是需要【补充】的？让内容更完善，更易于理解。

感谢您提供的精彩演讲提纲，下面将针对各部分内容提出一些可能的补充建议，以便更充分地阐述新能源汽车的发展优势，同时也让内容更具说服力和实用性：

国家政策层面的补充：

- **细化政策举例**：可以列出具体的补贴额度和时间期限，以及不同地区的额外优惠政策，增强听众对政策支持力度的感受。例如："截至今年，国家对新能源汽车购车最高补贴可达数万元人民币，并且将持续至（具体年份）。此外，部分省市还出台了诸如购车赠送充电桩安装、优先摇号、购车指标倾斜等地区性优惠政策。"
- **充电设施建设进展**：可以给出我国当前充电桩数量、增长速度以及公共充电网络覆盖范围的具体数据，展示充电设施日益完善的现状，比如："目前我国已建成超过百万个公共充电桩，且在全国主要高速公路服务区实现了充电网络的全覆盖。"

技术优势方面的补充：

- **技术创新实例**：引入一些新能源汽车领域的技术创新案例，如新型固态电池的研发进展，或者某品牌电动汽车的实际续航表现，这样能让消费者更直观地感受到技术进步带来的好处。
- **维修保养成本降低**：说明由于新能源汽车结构简单，相较于传统燃油车，其零部件磨损率低，故障率小，因此常规保养成本更低廉。

普通消费者收益方面的补充：

- **环保贡献量化**：计算并列举每辆新能源汽车在其生命周期内相比燃油车能够减少多少二氧化碳排放量，从而更具体地展现其对环境保护的贡献。
- **二手市场展望**：提及新能源汽车在二手车市场的保值率变化趋势，强调随着市场接受度提高和技术成熟，新能源汽车的残值保障也在逐渐增强。
- **新能源汽车生活场景应用**：举例说明在日常生活中，如何通过新能源汽车实现智能家居互联、远程控制等功能，让听众感知新能源汽车与现代生活的紧密联系。

整合上述补充内容后，您的演讲稿将会更加丰富饱满，更好地引导潜在消费者理解和认同新能源汽车的优势所在，进而激发他们的购买意愿。

图1-5

第四步，重新整合最终文稿。输入提示词：很好，请将你【补充】的内容，有逻辑地整合进之前我给你的文稿，重新输出一份新的完整文稿，确保总字数达到【1500】字左右。（中括号中的关键字可以替换。）

通过这几步来回修改的操作，整份文稿基本就成型了，如图1-6所示。这里面不仅有你自己修改的内容，也有AI为你补充的内容，相对来说就很完善。

很好，请将你【补充】的内容，有逻辑地整合进之前我给你的文稿，重新输出一份新的完整文稿，确保总字数达到【1500】字左右。

尊敬的各位顾客朋友们，

大家好！非常荣幸今天能在我们店与您共享这一重要时刻，共同探讨一个既关乎汽车行业未来走势，又深深影响每一位购车者生活的主题——新能源汽车的发展优势及其所带来的变革。新能源汽车，这位绿色出行新时代的先驱者，以其前所未有的力量重塑着我们的出行方式，并为我们带来了诸多经济、环保和社会价值。

首先，关于国家政策层面的支持，中国政府对新能源汽车产业的发展寄予厚望，视其为战略新兴产业的核心板块，同时也是实现我国碳达峰、碳中和宏伟目标不可或缺的路径。为了推动新能源汽车的普及和应用，近年来，政府推出了一系列力度空前的扶持政策。比如，购车补贴额度高达数万元人民币（具体年份），有效降低了消费者购买新能源汽车的初期投入。不仅如此，新能源汽车还享受免征车辆购置税的优惠，进一步节省了购车成本。另外，不少大城市采取了限购政策豁免新能源汽车，使其在城市出行中的优势凸显。与此同时，国家积极推动充电基础设施建设，目前我国已建成了超过百万个公共充电桩，并在全国各大高速公路服务区实现了充电网络的全面覆盖，切实解决了"里程焦虑"，让新能源车主得以安心出行。这一系列政策举措，无疑传达出新能源汽车既是时代大势所趋，更是国家坚定不移的战略选择。

接下来，我们要深度剖析新能源汽车所展现出的技术革新优势。在科技进步的驱动下，新能源汽车在续航能力、动力性能、智能化程度等方面取得了令人瞩目的突破。以先进的电池技术为例，电动汽车的单次充电续航里程已大幅延长，部分高端车型甚至可实现600公里以上的续航，而不断扩展的快速充电网络使得长途旅行不再是问题。智能化方面，新能源汽车搭载的智能驾驶辅助系统及车联网技术日趋成熟，它们不仅能有效提升行车安全性，还能通过语音操控、远程控制等功能，提供更加便捷舒适的驾乘体验。电动机本身的高效运作、低噪音特性以及零尾气排放的绝对优势，更是传统燃油车难以匹敌的。

对于广大消费者来说，选购新能源汽车意味着实实在在的利益收获。尽管初次购车的费用可能会高于同级别燃油车，但从长远看，新能源汽车的运行成本却明显更低。据统计，电价远低于油价，以每天行驶一定里程计算，新能源汽车的能源消耗费用仅为燃油车的一小部分。加之新能源汽车的机械构造相对简单，部件磨损少、故障率低，所以其日常维护和保养成本也显著下降。尤其对于都市居民，新能源汽车还能带来额外的路权优势，如不受限行限制、特定区域的免费停车优惠等，大大提升了出行便利性和灵活度。更重要的是，购买新能源汽车是对绿色生活方式的有力实践，它能够显著减少有害气体排放，助力改善空气质量，符合现代社会可持续发展的理念，无形中也为提升个人和家庭的生活品质做出了贡献。

总的来看，得益于国家的全力支持、核心技术的不断创新，以及给消费者带来的多维度实惠，新能源汽车已逐渐引领起汽车消费的新潮流。展望未来，我们可以预见，新能源汽车将在全球市场中扮演愈发关键的角色，成为越来越多家庭的理想交通工具。在此，我们诚挚地邀请您携手共赴这场绿色出行的革命，亲身体验新能源汽车所带来的无穷魅力与实质价值。

接下来，我们将进一步深入各个领域，通过具体实例和权威数据，为您提供一幅栩栩如生的新能源汽车发展前景画卷。例如，某款知名品牌的新能源汽车，凭借最新的电池技术实现了单次充电续航上千公里，而其智能驾驶功能则能有效减轻驾驶压力，提升行车安全性。在环保层面，一辆普通的家用新能源汽车在其生命周期内，相比燃油车可减少数十吨二氧化碳排放，这是每位车主对地球家园的直接贡献。至于二手车市场，随着新能源汽车技术的不断提升和市场接纳度的提高，其保值率也在逐年上升，消费者无需担心短期内投资贬值的问题。

请您继续关注我们接下来的详细介绍，我们的销售顾问随时准备解答您有关新能源汽车的具体车型特点、最新优惠政策以及其他任何相关问题。愿您在深入了解新能源汽车世界的过程中，寻找到那欧最契合您需求、最具性价比的理想座驾。

敬请期待后续详尽分析，让我们一起踏上这场充满机遇与挑战的绿色出行之旅！

图1-6

实际应用过程中，如果AI为你输出的结果觉得不满意，可以重复第二步，通过你和AI的共同多次修改，直到生成出你满意的效果为止。

如果你需要输入的文字过多，文本框内无法一次性全部输入，你可以分段多次输入。多重复几次，再组合就好。总之，有了你的"调教"，AI才会变成你的真正助手。

1.2 从文稿到PPT：用GPT+Markdown自动生成PPT

看到这里，恭喜你已经有了一份完整的PPT演讲文稿。人们常说，**好的PPT不是先从PPT开始，而是从内容开始**。下面就来介绍如何把一份已经确认好的演讲文稿做成一份PPT。

第一步，将演讲文稿转换成PPT大纲格式。将最终定稿的演讲稿文字复制并粘贴在对话框中后，按Shift+Enter组合键换行后，输入提示词：——请帮我将以上文字生成为【10页】的PPT大纲框架，每一页有观点主题，有简介，有一级二级三级标题和正文。（中括号中的关键字可以替换。）

如图1-7所示，一份详细完整的PPT大纲就出现了（输出内容太长，截图未展示第4~9页）。这里输出的内容如果你不满意，或者有输出页数错误的情况，都可以单击"刷新"按钮重新生成。

第二步，将大纲转换成Markdown。输入提示词：**请将以上内容以Markdown格式导出**。下面简单解释Markdown语言，我们写文章时，会考虑到文章的排版、字体、样式等问题。Markdown是一种快速标记文章排版的语言。它有一些语法，例如，你想要设置标题，那就在文章开头加"#"号；想设置字体加粗就用两个"*"号，等等。

请帮我将以上文字生成为【10页】的PPT大纲框架，每一页有观点主题，有简介，有一级二级三级标题和正文。

PPT大纲框架 - 新能源汽车发展优势及其变革（10页）

第一页

主题：引言 - 新能源汽车：绿色出行新时代的序幕

- **简介**：概览新能源汽车的重要地位与发展趋势
- **一级标题**：行业背景
  - **二级标题**：全球趋势与国家战略
    - **三级标题/正文**：全球新能源汽车市场现状与发展预期
    - **正文**：阐述中国新能源汽车政策导向与目标
- **一级标题**：报告概述
  - **二级标题**：本次分享的主要议题与结构

第二页

主题：国家政策层面的支持与推动

- **简介**：强调政府对新能源汽车产业的重视与扶持措施
- **一级标题**：政策红利
  - **二级标题**：购车补贴与税收优惠
    - **三级标题/正文**：购车补贴详情与政策期限
    - **正文**：车辆购置税减免政策解读
  - **二级标题**：城市出行政策倾斜
    - **三级标题/正文**：限购限行政策豁免
    - **正文**：充电设施建设进展与全国覆盖情况

第三页

主题：技术创新与性能提升

- **简介**：新能源汽车技术进步的关键点
- **一级标题**：续航能力飞跃
  - **二级标题**：电池技术突破
    - **三级标题/正文**：当前主流电池类型与续航里程提升案例
- **一级标题**：动力性能优化
  - **二级标题**：电动机效能与加速性能
- **一级标题**：智能化驾驶体验
  - **二级标题**：智能驾驶辅助系统与车联网技术
    - **三级标题/正文**：具体智能化功能列举与实际效果说明

第十页

主题：结语 - 共赴绿色出行革命

- **简介**：回顾主要观点，呼吁大众参与新能源汽车革命
- **一级标题**：总结与展望
  - **正文**：重申新能源汽车的优势和发展前景
- **一级标题**：倡议与行动计划
  - **正文**：倡导消费者加入绿色出行行列，提出购车建议与行动指南
- **附件/联系信息**：附上更多咨询渠道和店内活动信息，鼓励现场体验新能源汽车产品。

图1-7

如果输出的内容有一些之前AI输出的无关文字，你还可以加一句提示语：**不要出现"幻灯片""一级二级三级标题""正文"等与内容无关字样**。这里一次不行，可以多刷新重新生成。最后AI会输出一组Markdown代码块窗口，单击窗口右上角的"复制"按钮，将Markdown代码块进行复制，如图1-8所示。

图1-8

第三步，用网站工具将Markdown转换成PPT。有很多网站工具都可以把Markdown转换成PPT，例如MINDSHOW网站，如图1-9所示。进入网站后，用手机号登录即可使用。

图1-9

第四步，在网页左侧单击"导入"按钮，选择Markdown选项卡，并在下方文本框粘贴之前复制的代码块。最后单击"导入创建"按钮即可，如图1-10所示。

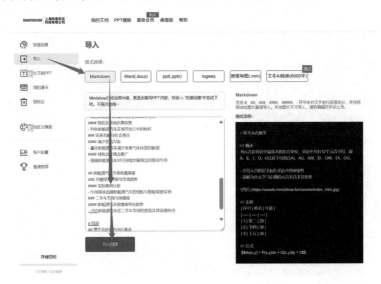

图1-10

第五步，进入预览页面（图1-11）。页面左侧为网站根据你的Markdown生成的不同层级的标题，你可以根据实际情况进行层级修改。

图1-11

页面右侧为当前PPT的预览效果。你可以选择不同的模板，不同的布局。需要注意的是，预览效果中，不带"V+"字样的都是免费可使用效果（图1-12）。你可以对PPT页面一页页进行调整并预览，直到满意为止。

图1-12

第六步，调整完毕后，可以导出PPT文件。单击右上侧"下载"按钮，选择"PPTX格式"选项即可，如图1-13所示。

图1-13

第七步，导出之后的PPT可以直接用PPT软件打开，并编辑使用，如图1-14所示。

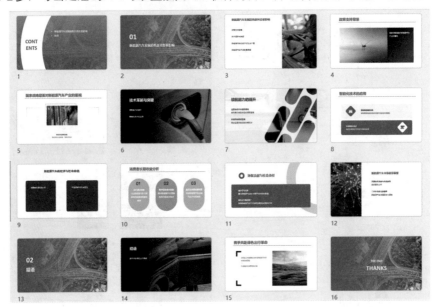

图1-14

一份漂亮的PPT就这样诞生了。通过先有扎实的演讲文稿，再结合PPT制作的操作步骤做出的PPT，后续使用时更能贴近你的演示逻辑。

总之，请牢记"先有内容再有PPT"。现在，你真的学会了吗？别只是"眼睛"看会了。要想真正将其变成你的知识，请照着书中步骤自己复现一遍。

1.3 国外PPT神器Gamma：一键生成PPT 的软件很多，但都大同小异

如果你觉得前面介绍方法太复杂，那我可以告诉你一种更简单的方法来处理PPT。就是利用AI工具，它们能够帮你一键生成PPT，省去了你一步步地费心费力。这样的PPT虽然不是特别严谨，但对于一般不太重要的场合完全够用，而且速度超快，能帮你节省很多时间。

目前能实现AI制作PPT的工具很多，笔者测试完众多国内外工具后，首推Gamma网站，这是一款免费的AI智能PPT制作工具。

第一步，首次使用需要注册，可以扫码（图1-15）进行注册；注册成功后收到积分，可以直接免费使用"AI做PPT"功能。

图1-15

第二步，登录成功后，在首页单击"+新建AI"按钮，如图1-16所示。

图1-16

第三步，在弹出的对话框里选择"演示文稿"选项。这里除了演示文稿，还能帮你自动生成文档和网页。不过，书上篇幅有限，就不再赘述。有兴趣的读者可以自己试试看。然后，进入网络对话阶段。Gamma也是用一种对话框的形式和你一问一答地进行互动。

第四步，在对话框中输入一句话的中文标题，例如"新能源汽车发展优势"，然后按Enter键发送，如图1-17所示。

图1-17

第五步，如图1-18所示，这时AI就会为你自动生成一个大纲。当然，在这个阶段你还可以自己动手编辑这些大纲；如果你需要的是中文PPT，可以把"语言"选择为"简体中文"；如果觉得生成的内容不够理想，也可以选择再试一次；如果没有问题，就单击"继续"按钮。

图1-18

第六步，选择不同的主题样式，如图1-19所示。你可以选择右边的不同版式，看看主题的预览效果。不同的主题有不同的颜色字体和按钮样式。如果你想来点意外惊喜，也可以单击"给我个惊喜"按钮，随机选择一个主题。选好心仪的主题后，单击"继续"按钮。

图1-19

很快，一份由AI自动生成的PPT就搞定了，如图1-20所示。你可能会注意到，PPT里的内容是根据主题大纲自动生成的，而且AI还会给你搭配一些合适的图片。当然，PPT里的所有文字、图片等元素都可以随你自己的意愿调整修改。

图1-20

图1-20（续）

第七步，如果你想使用这份PPT，可以选择将其导出。如图1-21所示，单击右上角导航条里的"…"按钮，然后在下拉列表中选择"导出"选项。接着，在弹出的对话框里选择"导出到PowerPoint"选项。

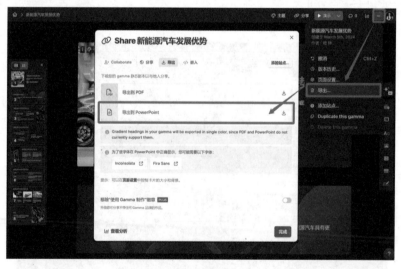

图1-21

第八步，你会得到一份由AI制作的PPT，它已经转换成了PowerPoint文件，你可以在PPT软件中进行编辑和调整，如图1-22所示。整个过程其实只需要两三分钟。这样的效率肯定比你自己做高得多，而且整体的美观程度也相当不错。更重要的是，这类AI工具还在不断进化。我相信未来它们会变得越来越好用。

图1-22

除了Gamme，类似的AI生成PPT的网站还有很多，例如TOME（图1-23）、boardmix（图1-24）等。具体操作步骤也都是大同小异，本书篇幅有限，就不做赘述，有兴趣的读者可以选择尝试。

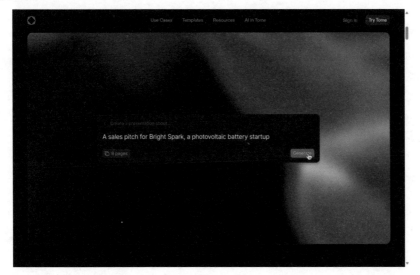

图1-23

图1-24

1.4 国产PPT神器WPS AI：国产之光，你的智能办公助手

　　除了国外的软件可以生成PPT之外，国内也有很多可以自动生成PPT的软件。这里以用户基数较大的WPS为例进行说明。金山WPS是一款用户基数庞大的国产软件，在AI方面也处于领先地位。下面以它为例进行操作步骤介绍。

　　第一步，需要到金山办公官方网站下载带有AI功能的WPS版本，如图1-25所示。

图1-25

在最新版本的软件中可以看到，在选项卡最右侧有"WPS AI"功能，如图1-26所示。

图1-26

第二步，单击"新建"按钮，选择"WPS AI智能创作"按钮，如图1-27所示。

图1-27

第三步，在弹出的窗口中选择"输入内容"或者"上传Word文档"选项卡，如图1-28所示。

图1-28

第四步，将文字输入或者上传文档后，就可以自动生成PPT大纲，如图1-29所示。这里生成的大纲是可以进行修改的。完成之后，再单击"生成幻灯片"按钮。

图1-29

第五步，选择一个你喜欢的幻灯片模板样式，单击"创建幻灯片"按钮，如图1-30所示。

图1-30

一份由AI生成的PPT就制作好了，如图1-31所示。里面的图片都是根据你的内容自动生成的，版式也是根据内容自动生成的。整体来说，效果还是不错的。而且随着软件的不断迭代，会有更多好用的新功能加入。相信未来的功能会越来越强大。我们只需要跟随时代的步伐享受AI带来的红利。

图1-31

需要说明的是，金山WPS的AI功能目前需要申请使用。相信随着WPS的算力加强，这样的功能后续会全部开放。

1.5 AI大模型总结：不仅助力PPT，更能胜任其他文字工作

在推荐了"通义千问"大型语言模型之后，网络上也有许多其他优秀的国产大型语言模型。笔者综合应用对比之后，精选出以下一些出色的国产大模型，希望它们不仅能为你的PPT助力，也能在其他文字工作中带来便利。

（1）月之暗面科技·Kimi Chat（图1-32）。

简介：注册即可使用。Kimi Chat可支持输入20万个汉字，可上传文件和网页链接。

图1-32

（2）百度·文心一言（图1-33）。

简介：手机号或百度网盘登录使用。有各种类型的问答、文本创作、推理与数学计算、写代码、聊天交流、图片生成等。

图1-33

（3）复旦大学·MOSS（图1-34）。

简介：需要内测申请。MOSS是复旦大学自然语言处理实验室推出的对话式大型语言模型，支持中英双语和多种插件的开源对话语言模型。

图1-34

（4）华为·盘古大模型（图1-35）。

简介：仅限华为云企业用户参与体验。盘古大模型致力于深耕行业，打造金融、政务、制造、矿山、气象、铁路等领域行业大模型和能力集，将行业知识know-how与大模型能力相结合，重塑千行百业，成为各组织、企业、个人的专家助手。

图1-35

（5）科大讯飞·星火认知大模型（图1-36）。

简介：直接注册使用。讯飞星火认知大模型是科大讯飞研发的以中文为核心的新一代认知智能大模型，能够与人自然地对话互动。

图1-36

（6）腾讯·混元大模型（图1-37）。

简介：手机号登录即可使用。混元是腾讯推出的一款通用大语言模型，其模型参数达到了千亿级别，具备强大的中文创作能力、复杂语境下的逻辑推理能力，以及可靠的任务执行能力。

图1-37

（7）字节跳动·豆包（图1-38）。

简介：可以使用抖音账号授权登录使用。字节跳动基于云雀大模型开发了一款生成式AI助手"豆包"。它可以实现智能问答、文本生成、自动写作、语音合成等多种功能，为用户提供便捷的智能服务。

图1-38

（8）商汤科技·商量（图1-39）。

简介：手机号注册即可使用。商量（SenseChat）是商汤科技自研的类ChatGPT产品之一，是国内最早的基于千亿参数大语言模型之一，并不断迭代更新。

图1-39

（9）质谱华章·智谱清言（图1-40）。

简介：手机注册使用。智谱清言是北京智谱华章科技有限公司推出的生成式AI助手，可在工作、学习和日常生活中为用户解答各类问题，完成各种任务。

图1-40

在当前的人工智能领域，大型语言模型的种类繁多，各具特色。为了找到更适合你需求的模型，建议你亲自尝试并体验这些模型的功能。你可以选择针对同一主题的不同平台进行对比测试，以便更准确地评估它们的性能和适用性。

随着技术的不断进步，我们期待有更多创新的大型语言模型问世。保持对行业动态的关注，将使你能够及时了解并利用这些新兴的科技工具。通过不断探索和学习，你将能够紧跟科技发展的步伐，充分利用这些先进的人工智能资源。

第2章

2

用思考升华PPT

划重点：

你才是主角，PPT只是配角，任何工具、模板、素材……都代替不了你的思考。

PPT的目的不是为了好看，而是去改变观众行为。

很多场合下，不是一定要用PPT。

使用"7步法"高效地制作PPT。

2.1 目标优先：如果PPT只有一个目的，你觉得是什么

开始完整阅读之前，先请你思考一个问题：你做的PPT希望达到什么目的？

这是一个最根本但是大多数人却极易忽视的问题。我每次问别人这个问题，得到的回答基本上都是集中于几点："希望能完成领导让我做PPT的任务""希望展示美观的PPT，我会去套用几个模板，尽量需要简洁美观一点""希望别人能够看我的PPT""希望我的PPT能够展示我的观点"……我觉得大家说得都有一定道理，但不完全对，接下来，请允许我告诉你做PPT的真正目的，以及为什么。

我先公布我的答案：好的PPT只有一个目的，就是改变观众的行为。

如果一份PPT的目的只是为了完成任务，那100分满分的PPT评选，只能得60分以下。**不论你做什么工作，如果目的就只是为了完成，你永远都只是一个"工具人"**。相信我，未来十年后，AI做出的PPT一定比你做得好，那个时候你就会被替代。

如果PPT就是套了几个模板，使其看上去不太丑陋，说明你还是在用心，那可以算60分，不过也只能算刚刚及格。因为模板不重要，你忽视了PPT中最重要的内容。记住：**好看的模板千千万万，有趣的内容万里挑一**。PPT是内容为王。图2-1所示的两页PPT简单套用了一些模板，这样的效果你应该是最常见到的，它们都只能算60分的PPT。

图2-1

图2-1（续）

　　如果你已意识到，好的PPT是别人愿意看，说明你能站在别人的角度想问题，那你就可以得70分；当然，**别人不仅愿意看，还要能看得懂**——这可是未来AI都不如你的地方。**你可以减少那些自说自话的内容，试着用别人听得懂的话来提炼内容，表达出你的观点。** 如果你能够做好这一点，基本上能够达到80分。图2-2所示的两页PPT就是在图2-1的基础上修改了内容、排版，就会让观众更愿意看，也能看得懂。

图2-2

　　90分的PPT是在之前所有要求的基础上，还要能够**说服对方**，特别是从不认同、不了解、不关心到认可、了解甚至关心。你可以想一想，你之前做的PPT有说服力吗？图2-3所示的这页竞聘的PPT，将题目《竞聘演讲》改成《XX岗位使用说明书》，一下就可以让对方感到，演讲者是势在必得，也为此做足了准备。这样的自信表达和充分准备更具说服力，也让对方更关注你。

图2-3

如图2-4所示，**人们都喜欢"眼见为实"，真实的图片更有说服力**。介绍耳机的具体参数特点再多，都不如直接展示真实产品的样子，这样能让对方更加直观地了解你的产品及其特点。相比于文字描述，图片更有说服力。

图2-4

能做到这里，都可以算很好的PPT，但如果想做到100分的PPT，还有一个更核心的要求——改变对方的行为。**我们的PPT目的是演示，演示是为了沟通，沟通是为了解决问题，去行动起来，而不只是停留于沟通的层面**。一份好的PPT，它一定是辅助演讲人用视觉化的手段去沟通呈现一件事，目的一定是为了改变对方的行为。

什么叫改变对方的行为呢？例如我需要用PPT做一场公司内部的竞聘演讲，那么我的观众，就是那些决定我是否竞聘成功的评委们——我需要改变他们的行为，让他们知道我是这个岗位上的最佳人选，**通过PPT最终能让他们把票投给我，就是改变了他们的行为**。图2-5所示的这份PPT的标题就叫《为什么您可以把票投给他》，里面的内容也是围绕这点展开，详细地告诉评委为其投票的理由（也就是竞选优势）。

图2-5

　　再例如，如果我是一位销售，**面对广大潜在用户，我希望改变的行为是潜在用户能认可甚至购买我的产品**。我的PPT应该长什么样子呢？应该是一份能让潜在用户从不买到买、完整展示出其购买产品的理由的一份PPT。而且最好有明确的行动指令：产品在哪里可以买到、多少钱可以买到等信息，如图2-6所示。

图2-6

　　总而言之，PPT要以改变行为为目的，才有可能真的改变观众的行为。图2-7所示为总结的PPT评分标准。

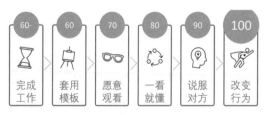

图2-7

接下来我们一起阅读本书后续章节，期待你阅读完本书，也能做出一份能改变对方行为的优秀PPT。

2.2 工具选择：为什么演示一定要用PPT，用Word不好吗

你遇到过这样"内卷"的场景吗？公司出新规定：凡是上会，就要做PPT。你和同事都抱怨这太形式主义。结果一到上会，你的同事做了一份好几十页的PPT。你都蒙了，这真的是刚刚跟你一起抱怨的那个人吗？你再看看自己只有3页的PPT，委屈地想：明明很简单的一件事，为什么非要做一份好几十页的PPT呢？直接用Word打字不都一样吗？建议你下次再做PPT时，可以先想清楚下面这些点，也许能帮助你选择更合适的媒介。

（1）亚马逊公司在内部开会时，要求不用PPT，理由是浪费时间——明明一页纸能说清楚的事，没必要还专门做PPT。是的，当演示没有特殊要求时，你的确可以考虑，本次演示需要使用PPT，还是用Word。

（2）不管使用PPT，还是用Word，他们都只是工具，你才是主角。**你需要讲清楚你想表达的事，这才是关键。**

（3）当观众都是"自己人"（同一话语体系、同一理解能力等）时，例如都是部门内部交流密切的同事时，是可以使用Word的。这可以帮你节约大费周章制作PPT的时间。

（4）当你使用Word时，还是需要有表达结构的（具体详见3.1节和3.2节内容），而不能一字不差地念稿式汇报。

（5）建议你能在演示时准备PPT。因为**观众知道，准备了PPT的你在展示诚意，是在认真对待本次分享，**他们也会更认真地对待你的分享。就像酒局上说的：我先干了，你们随意。

（6）当你的语言无法向不同人毫无偏差地描述一件事时，你需要有视觉辅助。人是视觉动物，**PPT会在视觉上助力你的表达。**

（7）**PPT相较于Word，有两点不同：专业态度和视觉辅助。**下次你再分享时，涉及其中任意一点，都建议你使用PPT。

2.3 为什么说你和高手做PPT的本质区别在于制作步骤

让我来猜猜你的生日，有点难；猜猜你的爱好，也费劲；但让我来猜你做PPT的步骤没问题。你是不是这样做PPT的：先打开一份上次做的类似的PPT，然后改文字，加素材，加动画，播放，欣赏，发现问题，退出播放，又改这一页，又播放……总之，我猜你喜欢把一页PPT做到"完美"再做下一页PPT。如果我猜对了，告诉你个秘密，高手做PPT都不是这样做的，毕竟太浪费时间，他们会按以下步骤来做。

高手会切记：不需要一页完美后再制作下页PPT。你需要按照步骤"进展式"完成整份PPT。

第一步，制作构思清单（参考样式如图2-8所示，具体使用详见3.3节）。

准备项目	方案记录	说明
1.确定主题		**方向：** 本次PPT主题，应该是你和观众都关心的
2.打造场域		**场域：** PPT给观众营造的场域，一切围绕其展开
3.观众背景		**知彼：** 根据观众的知识背景准备材料
4.与你有关		**共情：** 为什么观众要听你讲，观众关心什么
5.达成改变		**目的：** 当观众看完改变的行为
6.时长限制		**从容：** 超时是大忌。一般1分钟1到2页PPT
7.现场环境		**设备：** 了解投影比例，提前设置配色
8.其他要求		**保障：** 考虑其他一切可能让你搞砸的因素

图2-8

第二步，用结构化思维将PPT划分结构（参考样式如图2-9所示，具体方法详见3.3节）。

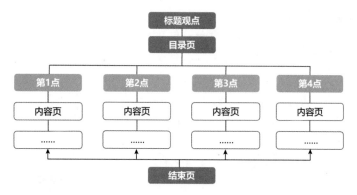

图2-9

第三步，将结构转成PPT，你可以为PPT加入一页一句的标题文字，如图2-10所示。注意，这时不需要美化，哪怕是白底黑字。

图2-10

第四步，为PPT各页加入文字素材，夯实内容。注意，这时还是不需要美化，哪怕还是白底黑字，如图2-11所示。

图2-11

　　第五步，提炼信息。这一步需要将冗余的文字变成别人能理解的信息：你可以提炼突显关键信息的地方，也可以将其中关键文字换成图片或者图表展示的地方。注意，这时同样也是不需要美化，哪怕还是白底黑字，如图2-12所示。

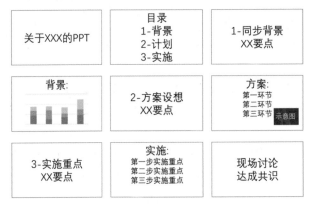

图2-12

　　第六步，页面美化。统一美化页面推荐使用格式刷，将普通效果和突出显示效果统一优化，如图2-13所示（本书后续章节会有大量页面美化教程）；如果需要，你还可以增加动画（如果PPT没有动画也可以），统一优化页面的动画效果推荐使用动画刷，将动画效果统一优化。

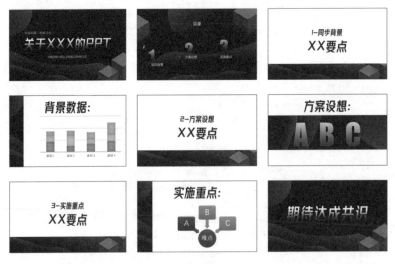

图2-13

第七步，检查PPT。从头到尾检查播放一遍PPT，找出问题，记录下来，收集完所有问题后，再统一修改。

为什么要分这么多步骤呢？如果你学过经济学，肯定对"分工产生效率"这个观点深以为然。其实PPT也是一样的，制作一份PPT，可以像吃牛排一样，切小块再一口口吃掉，关注一步步的工作，会比一来就完成整份PPT要简单得多，高效得多，你可以试试。

图2-14所示为总结的PPT制作"七步法"。

图2-14

第3章

用结构打造精彩

划重点:

要想别人更好地理解你的PPT,可以使用"结构化思维":
先讲重点,再做分解。

PPT演示场合下,最重要的人不是演讲者,而是观众——你
需要思考观众真正关心什么。

PPT是脑力劳动,你需要详细地思考每一处细节——PPT构思
清单可以帮到你。

3.1 构思方法：在PPT构思时，有没有什么好用的方法

有哲学家曾说：人和人最大的区别在于思维。其实PPT也是如此，**好的PPT比差的PPT不在于美观的样式、炫酷的动画，而是更有结构地表达信息**。如果在PPT中只用一种构思方法，那就是**结构化思维**。听上去挺高级，其实很简单。

首先明确什么叫**结构化思维（Structured Thinking）**。结构化思维是一个人在面对工作任务或者难题时能从多个侧面进行思考，深刻分析导致问题出现的原因，系统制定行动方案，并采取恰当的手段使工作得以高效率开展，取得高绩效。也就是**面对问题时你可以通过某种结构，把它拆解成一个个你能解决的部分。**

你可以把结构化思维简单理解为**装箱打包**。你想想，你在收拾家里杂物时，一般不会把它们都放进一个大口袋，而是根据不同类别放入不同的小口袋，例如食品装一袋、药品装一袋等。将不同物品分类打包，就是在做结构化思维的整理。

例如，吃牛排时，需要切成小块一口口吃；爬山时需要一步一步走，每走一段，都会休息一下。发现了吗？你正在把一个大问题拆解成无数好执行的小步骤。

还有，你告诉别人你的手机号码时，多半采用"138（停顿）XXXX（停顿）XXXX"或者"138（停顿）XXX（停顿）XXXXX"的方式。你为什么要停顿两次，因为你知道，一口气念完11位手机号码，不仅自己累，别人也是记不住的。所以你通过停顿将一段手机号码一分为三，方便别人记忆。你看，其实这就是在"装口袋"，就是一种你日用而不自知的结构化思维。

做PPT跟念手机号的本质是一样的，都是为了对方能理解我们所说的内容。所以，为了方便别人理解，最好也使用结构化思维。

在你构思一份PPT时，也要思考你说的这个事情可以分成几部分，通过分解让别人更好地理解各部分，从而理解你想表达的整件事，你可以参考图3-1所示的构思PPT结构。这里需要注意，你做PPT前不代表都需要做这么好看的结构图，你完全可以用手绘、思维导图软件，甚至简单打个文字草稿都可以，总之，**这一步是不需要给别人看的，你根据自己习惯的方式构思就好。**

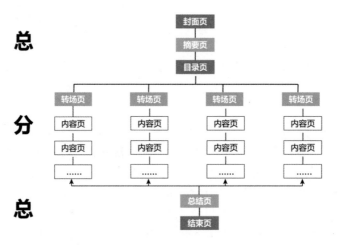

图3-1

具体到每个内容页，同样也需要结构化思维。如图3-2所示的PPT，你能看懂想表达什么信息吗？所有信息都是一个散点，没有结构，感觉信息量很大，却又很难看出什么是重点。

- **目前公司旗下的PC市场，市场逐渐萎缩**
- **收益也是逐年降低**
- **主要是因为目前国内PC市场的竞争太激烈**
- **我们也只有进行低价竞争**
- **硬件成本可谓居高不下**
- **利润率逐年递减真是没法避免**
- **广告商今年还涨价了**
- **......**

图3-2

如果是图3-3所示的PPT，你就能很好理解了。这是因为信息被你打包整理了，分成了"内部因素"和"外部因素"两个"口袋"，还把这两个"口袋"装进了一个大"口袋"——"PC市场利润率同比下降5%"的结论。这样的内容一定是更好理解的。

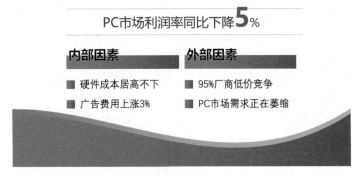

图3-3

请记住，你自己的材料你很熟悉，正着讲、倒着讲，你都没问题，但别人对你的材料不如你熟悉，一定要用结构化的方式去讲清楚一件事，多为你的听众着想，就像你报手机号码一样。

3.2 与你有关：有没有只做好一件事，就可以超越99%的PPT

你知道这个世界上每天会展示多少份"无聊"的PPT吗？我在想，以后会不会出现一个这样的功能：每次打开一份PPT，就弹出一个弹窗，上面写着"你这份PPT比99%的PPT都无聊啊！"或者"你这份PPT的逻辑打败了全国99%的PPT！"就像开机速度提示那样。要是那样，我们就能客观清楚地知道自己的PPT在什么水平线上。虽然现在没有这个功能，但你要知道，绝大多数的PPT都很无聊，它们的内容毫无重点，展示的信息无关痛痒。下面我来教你一招，用好了，就可以超越99%的PPT。

如果你讲PPT时，大家都在玩手机，这说明**你讲的内容多半都是自己觉得很重要，但不关心观众想听什么，自然观众也不关心你讲什么**，就像女朋友常说：你不关心我，我就不理你。

你可能委屈，自己讲的内容都跟观众相关，他们不听就是他们的损失。是吗？上次向我这样抱怨的人，是一个在路边发传单的健身教练："游泳健身，了解一下。"健身教练抱怨地说："健身这么重要的事，怎么大家都不关心呢？"相反，人们更关心一旦接了健身教练的传单，马上就说："大哥，办张卡哇！"

你和健身教练一样，没有考虑到对方想要什么。不是你说什么，别人就会认可什么。表达时请永远记住：**别人只关心一件事——"与自己有关"**。

在表达时，想让别人关心你讲的内容，你可以用下面这个思考步骤。

第一步，不说你想要的。

第二步，想想别人想要什么。

第三步，把你想给的变成对方想要的。

看到如图3-4所示的PPT时，**你想要什么**？你想告诉观众，公司的教育产品是基于移动互联网做的，很有特点。但是作为观众，你猜他们看到了什么？他们晃了一眼就不再关注了，因为这些东西跟观众有什么关系？

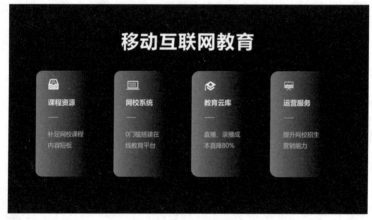

图3-4

那**观众想要什么**？观众不关心是移动互联网还是普通互联网，观众真正关心的是，这个技术背后，能给他们带来的收获，是更好的教育学习体验还是更便宜的价格。

最后，**你需要把你想给的变成对方想要的**。当你明白，你想说的移动互联网教育只是手段，观众想要的，是这个手段能达到什么目的时，你就会知道该讲什么了。例如你可以将标题改成"产品基于移动互联网打造 用户以更便宜价格买到更好课程"这样一句话，就讲清楚了你的产品特点，也让观众知道了移动互联网教育对自己有利。虽然只是改动了标题，但对象感是完全不一样的，改之前是只顾自己想说的，改之后是与观众有关，也让观众听得懂的话，如图3-5所示。

图3-5

现在你再思考一下，你平时看到的PPT有站在观众的角度去说清楚"跟自己有关"的信息吗？恐怕99％的PPT都没有做到吧。也就是说，**你PPT上的信息跟观众有关，才会让观众关心，做好这点，你的PPT就可以超越绝大多数人的PPT。**

不仅是PPT，你和别人交流时也需要关注对方的需要，而不是自说自话，只顾自己感受。例如，健身教练看到这里，想了想说：我以后不说游泳健身，了解一下，我换个话术：游泳健身，按次收费，不用办卡，专业教练辅导让你少走弯路，更快拥有健康好身材。

3.3 构思清单：优秀的PPT结构，都是做好了这8个细节

我们经常听人说，谁谁谁吹牛不打草稿？我在想，是不是吹打过草稿的牛，就不容易露出破绽。你想想，PPT其实比吹牛更难，因为吹牛只是需要别人听了相信你，而PPT还需要别人记住你的观点。所以，下次你吹牛前，哦不，做PPT前，建议先打个草稿，这非常重要。我送你一个PPT打草稿神器——PPT构思清单，如图3-6所示。这一节虽然文字较多，但非常重要，请你一定认真阅读，下面进行详细介绍。

准备项目	方案记录	说明
1.确定主题		**方向:** 本次PPT主题，应该是你和观众都关心的
2.打造场域		**场域:** PPT给观众营造的场域，一切围绕其展开
3.观众背景		**知彼:** 根据观众的知识背景准备材料
4.与你有关		**共情:** 为什么观众要听你讲，观众关心什么
5.达成改变		**目的:** 当观众看完改变的行为
6.时长限制		**从容:** 超时是大忌。一般1分钟1、2页PPT
7.现场环境		**设备:** 了解投影比例，提前设置配色
8.其他要求		**保障:** 考虑其他一切可能让你搞砸的因素

图3-6

第一步，确定主题。首先你需要确定方向，**想想你分享什么主题，想想这个主题是不是你和观众都关心的**。例如你做一份理财产品介绍的PPT给你的客户，主题叫"XX理财产品介绍"就不如主题叫"选择XX理财产品的三大优势"。

第二步，打造场域。**场域就是你希望PPT在什么场域下分享时最佳**。例如学术报告，在"严肃""压抑"的场域下分享的效果就不如在"专业"或者"高端"的场域分享；工作汇报PPT营造的场域不应该是"随意"或"应付交差"，而是"严谨"和"务实"；产品对普通消费者的介绍场域，不是"自嗨"或"专业术语"，而是"能看懂"和"想要买"……总之，观众接收到怎样的信息，很大程度会受到PPT所呈现出的场域影响。可以说PPT场域营造的，就是本次分享时，哪怕不用你说，观众也能感觉到的关键词，所有信息都围绕其展开。

第三步，观众背景。你需要知己知彼。你讲多少不重要，观众能接收多少才重要。所以**你需要根据观众的知识/信息背景准备PPT**。例如给公司部门内部同事分享，你的PPT可以很"简陋"，甚至其中有很多只有你们自己人能听懂的"专业黑话"；如果拿同样一份PPT的内容给公司其他部门分享，你需要考虑对方的背景准备分享内容，就需要将一些不好理解的地方增加图片、图表或图示，将"专业黑话"翻译成普通人都能听懂的语言。

第四步，与你有关。你还需要共情。具体原因在3.2节已有介绍。这里你需要和主题配合，**想想为什么观众要听你讲，观众最关心的是什么。**

第五步，达成改变。播放PPT只是手段，你希望观众看完达成的行动才是目的。在"达成改变"章节已经说了，这里就不再赘述。总之，在做PPT之前，你需要想想，**当观众看完你的PPT，你最希望他能做点什么。**

第六步，时长限制。**那些呈现PPT不够从容的人，绝大多数情况都是因为超时。一定记住：超时是PPT分享的大忌。**建议你的PPT根据分享时长准备页数，一般1分钟1、2页PPT。另外，你可以用**"减法准备"：如果10分钟分享，就准备9分钟的内容；如果20分钟分享，就准备18分钟内容；如果2小时分享，就准备1个小时45分钟的内容**……你可能会说，时间没用够啊。放心，你讲的时候跟你彩排不同，现场都会有一些额外的互动、停顿、交流，这些都会占用你的总时间。

第七步，现场环境。你还需要关注现场设备。如果是在陌生环境中做一个很重要的PPT分享，你应该提前到现场，了解投影大小和比例。你可以提前看看会场的配色情况，让你的PPT配色跟会场环境更加融合。例如暗色的会场你可以用深色背景PPT；明亮的会场环境，你可以使用浅色背景的PPT。总之，**根据真实环境调整你的PPT。**

第八步，其他要求。要保证PPT分享顺利不出意外，还要提前考虑，有没有什么因素是可能让你搞砸的。**其实很多现场意外，都是可以未雨绸缪的。**

总之，下次你在准备PPT之前，至少准备8个方向：确定主题、打造场域、观众背景、与你有关、达成改变、时长限制、现场环境和其他要求。将他们一条条完整地写在表格中间"方案记录"一栏中。**做完这个工作，你再来看这张构思清单时，就可以拥有一副上帝视角，让你再做PPT时不仅高效不走弯路，更能目标明确，思路清晰。**

3.4 构思清单实战1：部门给公司领导汇报工作的PPT该怎么做

我们通过3.3节内容学习到了如何在制作PPT前使用构思清单。你以为这样就掌握了吗？在实际工作中，我们写构思清单时也常常出现偏差。接下来分享几个实际案例给你，虽然跟你的工作场景可能不一样，但背后的逻辑都是相通的，希望对你有所启发。本节实战带你看你一个非常高频的PPT使用场景——公司内部工作汇报。

　　这是一份公司内部财务人员做的季度例行汇报PPT（如图3-7所示）和之前做好的构思清单（如图3-8所示）。可能跟大多数公司内部例行会议一样，感觉都只是走走流程，展示各自部门的指标完成情况。所以这样看来，用认真严谨的态度汇报财务部的数据，似乎并无大碍。但是我们回到开会本质，像这样的季度会议可不是年度表彰会，**公司管理层开这样的一个会议，不只是想走走流程，一定更希望这是一个提出问题、解决问题的务实会。**

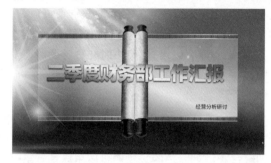

图3-7

准备项目	方案记录	说明
1.确定主题	《二季度财务部工作汇报》	**方向：**本次PPT主题，应该是你和观众都关心的
2.打造场域	认真、严谨	**场域：**PPT给观众营造的场域，一切围绕其展开
3.观众背景	公司管理层	**知彼：**根据观众的知识背景准备材料
4.与你有关	财务数据很重要	**共情：**为什么观众要听你讲，观众关心什么
5.达成改变	记住重点	**目的：**当观众看完改变的行为
6.时长限制	10分钟	**从容：**超时是大忌。一般1分钟1、2页PPT
7.现场环境	公司3楼小会议室	**设备：**了解投影比例，提前设置配色
8.其他要求	梁总喜欢文字少的PPT	**保障：**考虑其他一切可能让你搞砸的因素

图3-8

　　我和这位财务人员沟通后发现，其实财务部在这一次汇报中特别想反映一个问题——现金流。公司有些项目垫资太多，资金链有断裂的风险。这点非常重要，他们在PPT里面也会专门讲述。

　　那么，达成的改变就不是宽泛的"记住重点"了，而是让其他各部门、各条线要继续严格执行公司之前出台的现金流管理办法。

而真正的"与你有关"就不是财务数据很重要——毕竟每个部门都会觉得自己的数据很重要。真正"与你有关"的是，如果公司的现金流继续恶化，甚至资金链断裂，那么每个生产经营业务都会受到影响，这是和每个部门、条线切身利益相关的。

所以，在这样的前提下打造的场域，就不仅仅是工作中的"认真"，可能是需要引起所有与会者对现金流问题的高度"警惕"。

公司领导梁总还要求，在汇报时尽量文字少。**其实本质就是希望能够减少废话，汇报要有重点，特别是财务数据**。要知道，不是所有人都有财务知识背景，所以这里面要尽量减少那些枯燥干瘪的专业术语。

最后，标题就不能是简单的"二季度分析"，这样达不到警惕风险的效果。可以改为"警惕现金流缺口风险"。

原来的PPT模板上还有一些"炫酷"动画，例如页面卷轴会缓缓展开，旁边的光影一闪一闪，你是财务汇报，又不是开演唱会，动画展示半天，真是让人看得心慌。在内部会议中，真没有必要做这么炫酷的效果。这些需要删除，**不需要多么炫酷，内容才最重要，页面简洁就好**。

按照以上逻辑，这位财务人员修改了主题方向（如图3-9所示），也重新制作了PPT（如图3-10所示）。会后，他告诉我效果很好，公司各级领导都特别重视公司财务现金流问题。甚至几个部门负责人也下来单独找到财务部，一起研究解决方案。看来，这次的分享达到了预期效果。

准备项目	方案记录	说明
1.确定主题	《警惕现金流缺口风险》	**方向：** 本次PPT主题，应该是你和观众都关心的
2.打造场域	警惕	**场域：** PPT给观众营造的场域，一切围绕其展开
3.观众背景	公司管理层	**知彼：** 根据观众的知识背景准备材料
4.与你有关	公司有资金链断裂风险	**共情：** 为什么观众要听你讲，观众关心什么
5.达成改变	继续落实各条线现金流管理	**目的：** 当观众看完改变的行为
6.时长限制	10分钟	**从容：** 超时是大忌。一般1分钟1、2页PPT
7.现场环境	公司3楼小会议室	**设备：** 了解投影比例，提前设置配色
8.其他要求	不枯燥	**保障：** 考虑其他一切可能让你搞砸的因素

图3-9

·‥二季度财务部工作汇报·‥

图3-10

3.5 构思清单实战2：老师给学生做课程简介的PPT该怎么做

　　我们日常看到的，老师给学生讲的PPT似乎都具有催眠效果。原因可能很多：PPT太老土、内容太枯燥……总之，学生不感兴趣，自然听着就想睡觉。但如果老师能提前用构思清单梳理逻辑，效果就会好很多。本节实战带你看一个在大学里，化学老师给大一新生介绍课程的PPT，看看这位老师是如何使用构思清单的。

　　这是一份化学老师面对大一新生演讲使用的PPT（如图3-11所示）和之前写好的构思清单（如图3-12所示）。从构思清单里面可以看出，只有5分钟的时间向学生宣讲这个课程的重要性。化学老师认为，学习是学生的天职，所以通过这5分钟，学生就应该爱上化学学习。

　　如果站在化学老师的角度，可能看不出什么问题。但是我们站在观众（大一新生）的角度，问题就来了：**假设我是大一新生，进入一个比高中热闹太多的大学生涯，我很难简单认同学习就是我的天职**。我更倾向选择我喜欢的老师、喜欢的课程去上。

　　在和化学老师沟通梳理之后，我们发现大一新生真正关心的是两点：一部分学生关心如何取得好成绩，还有很大一部分学生关心如何不挂科。这才是学生的真正痛点。**所以"与你有关"这一项中的"学习是学生的天职"放在这里就不够真实具体**，从实际情况出发，可以把它改成"至少不挂科"。

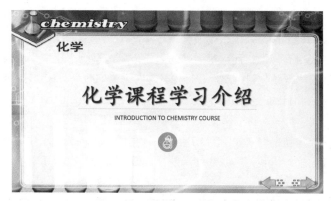

图3-11

准备项目	方案记录	说明
1.确定主题	《化学课程学习介绍》	**方向：**本次PPT主题，应该是你和观众都关心的
2.打造场域	专业、严肃	**场域：**PPT给观众营造的场域，一切围绕其展开
3.观众背景	大一新生	**知彼：**根据观众的知识背景准备材料
4.与你有关	学习是学生天职	**共情：**为什么观众要听你讲，观众关心什么
5.达成改变	爱上化学学习	**目的：**当观众看完改变的行为
6.时长限制	5分钟	**从容：**超时是大忌。一般1分钟1、2页PPT
7.现场环境	教室	**设备：**了解投影比例，提前设置配色
8.其他要求	无	**保障：**考虑其他一切可能让你搞砸的因素

图3-12

我继续和化学老师沟通，为什么只有5分钟的时间呢？原来这是一节40分钟的课程，期间有8位任课老师需要分享各自任课的课程简介，所以每一位老师分享都不超过5分钟。那问题来了，**在这种一个接一个的高密集场景中，分享的都是一些严肃枯燥的话题，学生们一定会疲倦**。在"专业、严肃"的场域下，只花5分钟就让学生们"爱上化学学习"怎么可能？就5分钟，还要爱上一个事物，我想似乎除了人民币，其他事物也没这种能力，更别说化学课了。

那5分钟能达成的小目标是什么？化学老师想了想说："那至少需要让学生们知道，这门课应该怎么学？或者说对这门课产生基本的兴趣。"这就对了，通过5分钟的时间，给学生们一个好印象，消除大家对化学课程的刻板印象和畏难情绪，这点其实是有可能做到的。

既然要给学生们好的印象，那么场域就肯定不能是"专业、严肃"的，而是一种学生们喜欢的状态，如"轻松有趣"；而化学老师的人设，可以是一个化学学科的过来人，希望用自己的教学经验真正**"帮助"**到大家，**"轻松有趣"**地学习化学，还能不挂科。

围绕这样的场域和目的，主题就不应该叫死板的"化学课程介绍"。可以改一个学生们更喜欢的标题，例如"神马？这样学化学，还能拿高分！"

最后将构思清单重新整理（如图3-13所示），再做一些PPT封面的排版优化（如图3-14所示）。化学老师后来告诉我，当时的演示效果很好，学生们在学期里面对这门课程的学习热情也非常高。

准备项目	方案记录	说明
1.确定主题	《神马？轻松学化学,还能拿高分!》	**方向：**本次PPT主题，应该是你和观众都关心的
2.打造场域	**轻松、帮助**	**场域：**PPT给观众营造的场域，一切围绕其展开
3.观众背景	大一新生	**知彼：**根据观众的知识背景准备材料
4.与你有关	**知道如何不挂科**	**共情：**为什么观众要听你讲，观众关心什么
5.达成改变	引发学习兴趣	**目的：**当观众看完改变的行为
6.时长限制	5分钟	**从容：**超时是大忌。一般1分钟1、2页PPT
7.现场环境	教室	**设备：**了解投影比例，提前设置配色
8.其他要求	**8个老师讲，学生易疲惫**	**保障：**考虑其他一切可能让你搞砸的因素

图3-13

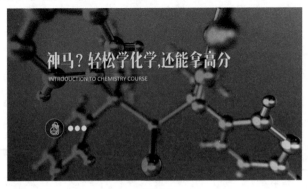

图3-14

3.6 构思清单实战3：销售向经销商宣讲新产品的PPT该怎么做

销售人员向客户通过PPT介绍自家产品的情形是很常见的，但真实情况往往是，销售人员喜欢把自家产品吹上天，而客户为什么要选择这款产品，却考虑不足。本节实战带你看一份PPT：一个三文鱼养殖厂商向他的经销商们推荐他们公司的最新优质三文鱼的PPT（如图3-15所示），看他是如何构思的。

图3-15

从构思清单（如图3-16所示）可以看出，这是一份在酒店会议厅里面。向所有的水产经销商进行了12分钟新产品宣讲。我和该销售人员沟通后，发现几个细节：观众都是从业多年经验丰富的水产经销商，所以不需要过多介绍产品；**本次产品推介会特别想介绍公司今年花大力气，在北欧挪威租下了一片海域，这里的水质特别适合养殖高品质三文鱼，所以要重点介绍**；这里出产的三文鱼品质好，但价格有点高，推荐起来可能会有一定难度；在这场会议中，不只有一家三文鱼供应商，还有很多竞争对手。

如果站在销售人员的角度，希望共赢，希望宣传自己的产品特点，可能看不出什么问题。但如果站在观众（水产经销商）的角度，问题就来了：厂家想"提高出货量和单价"，换句话说就是**"卖得多还卖得贵"，怎么可能**？卖的是三文鱼肉又不是唐僧肉，不能又提高出货量的同时还提高单价，只能二选一；厂家希望"共赢"，希望"卖的好有钱挣"，这些都是正确的废话，关键是这款价格昂贵的三文鱼，水产经销商凭什么就能买好？或者说那么多三文鱼厂家，凭什么要选择这个更贵的？

准备项目	方案记录	说明
1.确定主题	《生吃三文鱼养殖环境》	**方向：** 本次PPT主题，应该是你和观众都关心的
2.打造场域	共赢	**场域：** PPT给观众营造的场域，一切围绕其展开
3.观众背景	水产经销商	**知彼：** 根据观众的知识背景准备材料
4.与你有关	卖得好有钱挣	**共情：** 为什么观众要听你讲，观众关心什么
5.达成改变	提高出货量和单价	**目的：** 当观众看完改变的行为
6.时长限制	12分钟	**从容：** 超时是大忌。一般1分钟1、2页PPT
7.现场环境	酒店会议厅	**设备：** 了解投影比例，提前设置配色
8.其他要求	同行竞争大	**保障：** 考虑其他一切可能让你搞砸的因素

图3-16

看来，"卖得好有钱挣"并非"与你有关"，"提高出货量和单价"也并不能同时实现。我继续和销售人员沟通，我们发现，水产经销商们真实的痛点是，随着消费升级，越来越多的消费者选择高端海鲜，但是大都是国外品牌，价格相对昂贵，加上国际供应链不稳定，导致很多经销商甚至干脆放弃高端货品，这样就会流失一批高端客户。**所以真正的"与你有关"，是销售人员告诉大家：从现在起，有供应稳定的国内厂商生产的高端海鲜来了，各位水产经销商可以采购，补齐高端产品库。**同时，选择这款高阶产品，实现的利润也自然更高。由此，真正的"与你有关"可以改成"有供应稳定的高利润，高品质三文鱼"；而真正能达成改变，也许是让会场内所有人知道，大家以后想采购高利润高品质三文鱼，可以直接找到你们厂商——**也许12分钟分享，达成这个改变更加务实。**综上，标题也可以更加凸显品牌信息和产品特点，例如改成《XX牌 真·挪威三文鱼来了》。

最后将构思清单重新整理（如图3-17所示），再做一些简单的排版优化（如图3-18所示）。会后，销售人员告诉我，现场的演示效果很好，不仅让观众们知道，他们这个国产品牌也养殖挪威三文鱼，很多供应商，当时在现场就直接向他们咨询并采购首批货品。

准备项目	方案记录	说明
1.确定主题	《XX牌真·挪威三文鱼来了》	**方向：** 本次PPT主题，应该是你和观众都关心的
2.打造场域	共赢	**场域：** PPT给观众营造的场域，一切围绕其展开
3.观众背景	水产经销商	**知彼：** 根据观众的知识背景准备材料
4.与你有关	有稳定、高端、高利润货源	**共情：** 为什么观众要听你讲，观众关心什么
5.达成改变	让现场所有人知道这件事	**目的：** 当观众看完改变的行为
6.时长限制	12分钟	**从容：** 超时是大忌。一般1分钟1到2页PPT
7.现场环境	酒店会议厅	**设备：** 了解投影比例，提前设置配色
8.其他要求	同行竞争大	**保障：** 考虑其他一切可能让你搞砸的因素

图3-17

图3-18

第4章 04

用套路提炼文案

划重点：

PPT是"演示文稿"，相比"演示"，"文稿"才是最核心的。

PPT文案制作"无炼组"三步法：无——删减文字、炼——提炼总结、组——重组句子。

PPT文案版式"肉夹馍"：把重要、核心观点夹在中间。

4.1 删减提炼组合："演示文稿"和"文稿"的最大区别是什么

你是不是见过太多全是密密麻麻文字的PPT？我知道很多人是直接把文字从Word里面复制粘贴到PPT。但是现在都AI时代了，计算机做复制粘贴的工作一定会比你做得更好。所以我们需要把这些文字进行提炼总结，让它们有逻辑地展示出来。其实提炼文字是有一些好方法的，我来分享给你，让你的PPT变得更有逻辑。

很多人认为直接把Word上的内容复制粘贴到PPT上面就可以，这个不能叫作PPT，只能叫"Word搬家"。**Word名字叫文稿，PPT名字叫演示文稿。多了演示二字，那就说明要符合观众的演示逻辑。**

如何把文稿变成演示文稿？你只需要做下面3个步骤。

第一步，删除文字。你要知道，不是所有的文字都放在PPT上面，一定记住PPT不是Word。你完全可以删除那些重复性、原因性、解释性的话，如图4-1所示。然后再试着**删除其他多余的废话，每一句都大胆删除。直到再删文字，句子就会变得不通畅为止。**

图4-1

如图4-2所示，左侧的PPT中有很多重复性的话，其实这段话就是想表达"人思想的自由性"这个核心观点。那我们直接留下一句就好，这样别人一看就懂。而且多余文字删除了，自然而然就会出现留白的效果。**页面也更加干净，重点更加突出。**

第二步，提炼总结。你看报纸时是不是这样，只看图片和标题，有兴趣才会去读正文。是的，人都是喜欢只看标题不看正文。所以，**相比于正文，标题通常更重要**。别人看我们的PPT也是一样的，标题是最吸引人的。如果标题看不懂或者没有兴趣别人就不会去看你的正文。提炼文字，就是把你一大段文字内容的核心信息在标题处显眼的位置用一句话或者几个关键词展示出来，如图4-3所示。

图4-2

Step.2　**提炼总结**

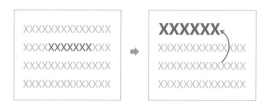

图4-3

需要注意的是，提炼总结不是简单地寻找中心句，而是类似你小学时候学的提炼中心思想：站在观众最好理解的角度，用你的语言重新组织，把这段信息的大致意思写出来。

如图4-4所示，左侧的PPT中这两段话都是文字很多，但其实讲的意思就是"舒适是产品的优点，单调是产品的缺点"。所以，我们将他们提炼总结出来，放在标题的位置，让观众哪怕不看正文，也能明白其中的大概。

图4-4

第三步，重新组合。 我们都不喜欢流水账式的记录，所以你可以将一大段内容更有逻辑地划分成多段信息，最简单的就是在一大段文字中加入序号，例如第一、第二或者首先、其次等，如图4-5所示。把一段文字分成几个大类的方法具体你可以参考第3章内容，此处就不再赘述。

Step.3 **重组句子**

图4-5

如图4-6所示，左侧的PPT中的文字内容过多，那我们可以把它重新分成更多信息块，**并加入1234这样的序号点，让页面更有逻辑。**

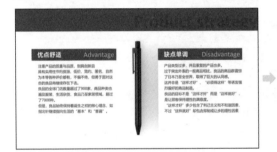

图4-6

如果你记不住以上步骤，就记住三个字"无炼组"；如果你还记不住，那你把"无炼组"记成一个香港明星的名字谐音，这样会更好记忆。**无，就是删减文字；炼，就是提炼总结；组，就是重组句子**。一个简单好记的"谐音梗"，你这下不会忘了吧。

当然，一定还是记住这句话：演示文稿和文稿最大的区别在于是有逻辑的信息还是密密麻麻的文字。

4.2 来一份肉夹馍：如何做到文字多的PPT页面照样重点突出

如果看到这样的标题你饿了，那我建议你先吃完饭再看这一章，毕竟饿着肚子可不利于学习新知。PPT中的"肉夹馍"能干什么？你遇到过做的PPT很多文字，你很想把文字删了一些，但领导说一字不删，要照着念。这个时候你会崩溃吗？你的文字很多，怎样让重点突出呢？假设一个字都不准删的情况下，其实同样可以把页面排版得更加有逻辑，而且更加好看。这时你需要一个"肉夹馍"版式。

我们吃肉夹馍，中间那一层会夹着肉，肉就是精华。PPT的"肉夹馍"版式，同样可以一分为三，页面上方是标题位置，也就是肉夹馍上面的一层"面饼"，中间夹着的，是你的核心观点，也就是肉；页面下方是文字描述，也就是肉夹馍下面的一层"面饼"。如图4-7所示，把页面一分为三之后，层次会更加清晰。

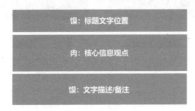

图4-7

如图4-8所示，左侧的页面文字内容很多，观众大概能感到这是一个关于"智能购物特点"的内容，但具体讲了什么，又很难通过这样模糊的标题就下结论。我们可以用 "肉夹馍"的版式，将其划分层次，将原来大段的全文一分为三，划分为三个不同的区域：标题文字、核心观点和文字描述。

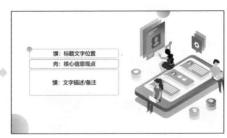

图4-8

　　标题文字是告诉观众，这一页大概讲什么内容，所以"智能购物特点"可以作为标题；核心观点就是正文中你最想讲的话，解释标题中"智能购物到底有什么特点"的话，在这个页面中，"数据洞察需求，赋能门店运营"这句话就是核心观点，将其放在最核心的位置，放大突显，让观点一目了然；最后剩下的文字作为正文描述，可以一个字都不删地放在文字描述区域。图4-9所示就是一个"肉夹馍"的版式效果。

图4-9

　　如图4-10所示，左侧的页面文字内容过多，重点内容被湮没在复杂繁多的文字信息当中，但是如果能把文字分成3部分，通过核心观点告诉观众"维生素K的获取方法"。 这样的效果就像大段文字的摘要一样醒目，哪怕不看正文，观众也能大致知道其中含义。这样的页面有主有次，层次分明，效果如图4-11所示。

图4-10

图4-11

其实好的PPT不必受制于文字数量。如果文字很多，同样可以做成好看的PPT，只要你懂得了"肉夹馍"版式，将核心内容从密密麻麻的文字中提取出来，更加凸显，重点更加有层次，就可以将一份文稿变成演示文稿。

4.3 实战应用：银行向普通客户宣讲的车位贷款PPT页面如何优化

关于PPT中的文字逻辑提炼，我们已经学会了"无炼组"和"肉夹馍"。用这两个方法就可以将PPT中的文字很好地整理出来，并且做好排版。接下来让我们一起进行实战运用。

如图4-12所示，这是一份银行做的车位贷款PPT。

 车位贷款

贷款买车位有年龄要求，各大银行规定贷款人年龄需年满18岁，年龄上限是65岁，而且年龄加贷款年限不得超过70岁，比如你今年50岁，那么你最多可以申请到20年的车贷，银行这样限制，是出于申请人的年龄与经济能力的考虑，毕竟年龄大了之后，很多人的收入急剧下降，能不能按时还款就成了一个问题。贷款买车除了对年龄有要求外，贷款额度、贷款期限都是有要求的，额度不超过汽车总价的80%，期限一般为1-3年，最长不超过5年。而且经验者反馈说，在贷款买车的时候，学历越高，门槛越低。本行要求年满18周岁，且分期期限加上客户年龄不得超过法定退休年龄加5年。

车位贷款具体能贷多少也跟你的首付有关系。个人办理车位贷款额度一般是申请人月收入的8倍左右，而家庭个人最高可贷额度为60万。关于车位贷款能贷多少的问题，在申请贷款时，借款人需要提供房产的房产证复印件或是贷款用途证明。单笔金额上限为100万元。本行要求，单个客户最多可申请两笔，且授信总额不得超过100万元。

车位贷款比央行基准利率高一些，一般贷款额度最高不超过抵押物评估价的60%，贷款期限不能大于10年。办理车库车位贷款额度不超过成交价的70%，贷款期限不能超过10年。车位贷款对象限定为"家园住房贷款"的一手房贷款所在小区车位，贷款额度不超过车库车位成交价的60%，同样贷款期限不能超过10年。本行要求，最长120期；手续费不得超过1%每期，年化利率不得超过12%。

图4-12

它面向的目标客户是购买车位的普通业主，希望各位业主能够在其银行办理车位贷款。但是通过图4-12可以看到里面的文字过于专业晦涩，对于普通的，没有金融背景知识的业主来说，这是很难理解的，所以我们需要优化。

第一步，删减文字——尽量**删除专业晦涩的术语和其他口水话**。删除后的PPT效果如图4-13所示。

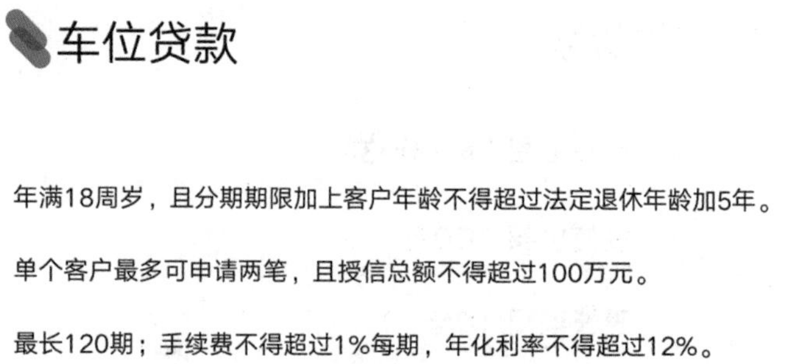

车位贷款

年满18周岁，且分期期限加上客户年龄不得超过法定退休年龄加5年。

单个客户最多可申请两笔，且授信总额不得超过100万元。

最长120期；手续费不得超过1%每期，年化利率不得超过12%。

图4-13

第二步，提炼观点——**将关键文字提炼在小标题上**。例如将"年满18岁且分期期限加上客户年龄不得超过法定退休年龄加5年"这种长句子，翻译成大家都听得懂的一句话，例如直接写"年龄范围：18~65岁"，让观众一看就懂，如图4-14所示。

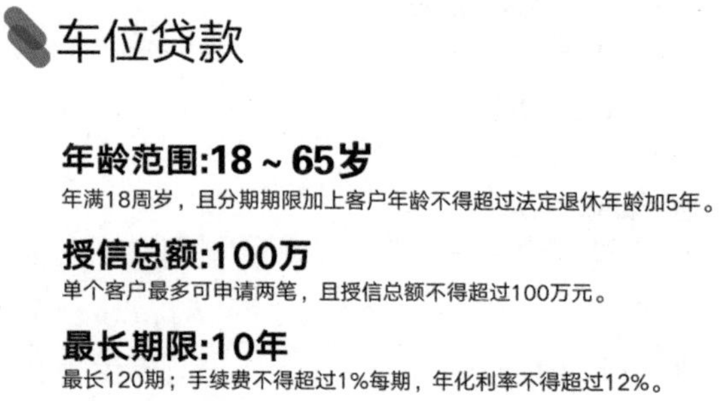

车位贷款

年龄范围:18 ~ 65岁
年满18周岁，且分期期限加上客户年龄不得超过法定退休年龄加5年。

授信总额:100万
单个客户最多可申请两笔，且授信总额不得超过100万元。

最长期限:10年
最长120期；手续费不得超过1%每期，年化利率不得超过12%。

图4-14

第三步，重新组合——**将核心观点分组，用"ABC"的序号标题告诉观众**，这页面里面有三组重点，如图4-15所示。

第四步，我们用"肉夹馍"的版式将核心观点展示出来。你可能会说：不是有"车位贷款"4个字吗？这里的"车位贷款"只能算是标题，肯定不是核心观点。如果你希望对方选择你的产品，可以在这里将核心观点表述为"选XX银行车位贷款的3大优势"，并把它夹在页面中间的核心位置凸显，如图4-16所示。

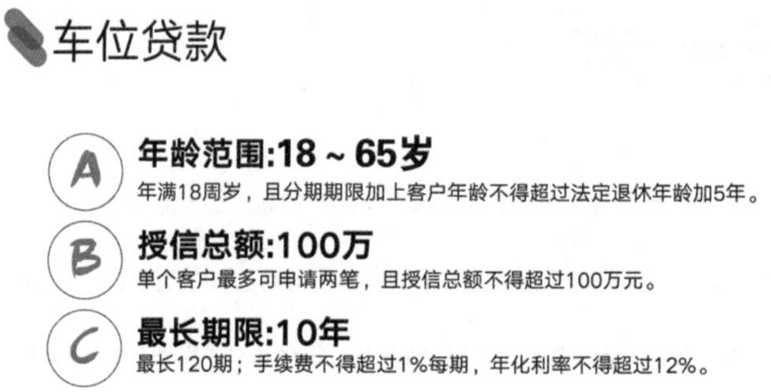

车位贷款

 年龄范围:18～65岁
年满18周岁，且分期期限加上客户年龄不得超过法定退休年龄加5年。

B **授信总额:100万**
单个客户最多可申请两笔，且授信总额不得超过100万元。

C **最长期限:10年**
最长120期；手续费不得超过1%每期，年化利率不得超过12%。

图4-15

车位贷款产品介绍
选XX银行车位贷款的 ⚡ 大优势

 年龄范围:18～65岁
年满18周岁，且分期期限加上客户年龄不得超过法定退休年龄加5年。

B **授信总额:100万**
单个客户最多可申请两笔，且授信总额不得超过100万元。

C **最长期限:10年**
最长120期；手续费不得超过1%每期，年化利率不得超过12%。

图4-16

第五步，可以加入一些图片，效果如图4-17所示，一份具有优秀文案的PPT就算做完了。你可以比较与最初原始PPT（图4-12）的具体区别。按照以上几个步骤，你也可以优化出属于自己的优秀文案PPT。

车位贷款产品介绍
选XX银行车位贷款的 ⚡ 大优势

A **年龄范围:18-65岁**
年满18周岁，且分期期限加上客户年龄不得超过法定退休年龄加5年。

B **授信总额:100万**
单个客户最多可申请两笔，且授信总额不得超过100万元。

C **最长期限:10年**
最长120期；手续费不得超过1%每期，年化利率不得超过12%。

图4-17

4.4 实战应用：公司内部如何用PPT向领导汇报展示晦涩的专业工作

接下来我们再看一份晦涩专业的工作汇报PPT。可能很多人都认为：在工作中向领导汇报问题，不用说得太清楚，毕竟领导是万能的，他们全都知道。但真相肯定不是。对于某一个专业问题，只有你才更清楚。所以，在制作PPT向领导汇报工作时，很多细节是需要讲清楚的。我们来看一个实际的案例。

如图4-18所示，这是一张文字型的PPT，而且要求详尽，所以领导需要每个字都保留。那文字多的PPT，如何做得好看又逻辑清晰呢？同样，我们可以用"无炼组"和"肉夹馍"的方法来优化。

> 热能电站是利用高炉煤气发电，高炉生产状况对热能影响较大。但近两年来，锅炉带负荷能力逐步下降（额定220t/h，实际最高只160~170t/h）。蒸汽量不足，汽压低，导致汽轮机不能满负荷发电。
> （1）热能两台锅炉下级空预器已使用8年，远超过锅炉的大修周期（4年）属于超期服役，空预器内腐蚀漏风较多，直观显示就是高炉煤气量到17万 m^3/h时，烟气CO增加，证明此时燃烧已不完全。（此时锅炉负荷170t/h）而正常情况下高煤量到20万 m^3/h时，锅炉负荷200t/h。
> （2）以前在高炉煤气不足的情况下，可以掺烧焦煤补偿锅炉负荷，但焦炉煤气含氨、有机物、硫化物较多，但燃烧时产生的 SO_2、NO_X 也大幅度增加到考核值（>100mg/m^3）以上。因此，受环保因素制约，目前热能焦煤已基本停用，当高炉煤气不足则锅炉的压力、负荷降低。（目前热能锅炉主蒸汽压力为6~8MPa，负荷120~170t/h），汽机长期偏离额定工况运行。导致发电效率下降。

图4-18

第一步，不要删除文字，所以删减文字这一步就跳过，直接进行文字信息提炼。通过提炼，可以发现其中有3个关键点。如图4-19所示，蓝色部分的文字为提炼出的重点内容。

第二步，重新组合。通过图4-19可以看出，这个页面中有1个大的标题和两个相关的原因。重新分类后通过不同字体大小呈现不同级别，如图4-20所示。

锅炉带负荷能力额定220t/h，实际最高只160~170t/h
近两年来，锅炉带负荷能力逐步下降
热能电站是利用高炉煤气发电，高炉生产状况对热能影响较大。但近两年来，锅炉带负荷能力逐步下降（额定220t/h，实际最高只160~170t/h）。蒸汽量不足，汽压低，导致汽轮机不能满负荷发电。

超期使用效率降低
热能两台锅炉下级空预器已使用8年，远超过锅炉的大修周期（4年）属于超期服役，空预器内腐蚀漏风较多，直观显示就是高炉煤气量到17万m3/h时，烟气CO增加，证明此时燃烧已不完全。（此时锅炉负荷170t/h）而正常情况下高煤量到20万m3/h时，锅炉负荷200t/h。

环保因素燃料不足
以前在高炉煤气不足的情况下，可以掺烧焦煤补偿锅炉负荷，但焦炉煤气含氨、有机物、硫化物较多，但燃烧时产生的SO2、NOX也大幅度增加到考核值（>100mg/m3）以上。因此，受环保因素制约，目前热能焦煤已基本停用，当高炉煤气不足则锅炉的压力、负荷降低。（目前热能锅炉主蒸汽压力为6~8MPa，负荷120~170t/h），汽机长期偏离额定工况运行。导致发电效率下降。

图4-19

页面标题：锅炉带负荷能力额定220t/h，实际最高只160~170t/h。
近两年来，锅炉带负荷能力逐步下降
热能电站是利用高炉煤气发电，高炉生产状况对热能影响较大。但近两年来，锅炉带负荷能力逐步下降（额定220t/h，实际最高只160~170t/h）。蒸汽量不足，汽压低，导致汽轮机不能满负荷发电。

原因一：超期使用效率降低
热能两台锅炉下级空预器已使用8年，远超过锅炉的大修周期（4年）属于超期服役，空预器内腐蚀漏风较多，直观显示就是高炉煤气量到17万m3/h时，烟气CO增加，证明此时燃烧已不完全。（此时锅炉负荷170t/h）而正常情况下高煤量到20万m3/h时，锅炉负荷200t/h。

原因二：环保因素燃料不足
以前在高炉煤气不足的情况下，可以掺烧焦煤补偿锅炉负荷，但焦炉煤气含氨、有机物、硫化物较多，但燃烧时产生的SO2、NOX也大幅度增加到考核值（>100mg/m3）以上。因此，受环保因素制约，目前热能焦煤已基本停用，当高炉煤气不足则锅炉的压力、负荷降低。（目前热能锅炉主蒸汽压力为6~8MPa，负荷120~170t/h），汽机长期偏离额定工况运行。导致发电效率下降。

图4-20

第三步，进行"肉夹馍"版式的排列。这里的难点是哪句话是最核心的观点。你可能会说，肯定就是图4-20中的第一句话：锅炉带负荷能力额定220t/h，实际最高只有160~170t/h。

但这里面涉及一个问题，你想，如果你给领导汇报一件事情，但领导并不是做你这个具体工作的，他对具体的数字可能没有你那么敏感。也就是说，**数字不是观点，结论才是观点**。

所以这个页面中的真正的观点应该是这句结论：近两年来，锅炉带负荷能力逐步下降。这样才是真正把你的问题直观地展示出来。

找到这句观点后，就直接把它放大，夹在页面的中间，更加突显。

这样的页面，领导一看就知道你想表达的问题所在。最后做出的效果如图4-21所示。

锅炉带负荷额定220t/h，实际最高只160~170t/h

近两年来，锅炉带负荷能力逐步下降

超期使用效率降低
热能两台锅炉下级空预器已使用8年，远超过锅炉的大修周期（4年）属于超期服役，空预器内腐蚀漏风较多，直观显示就是高炉煤气量到17万m3/h时，烟气CO增加，证明此时燃烧已不完全。（此时锅炉负荷170t/h）而正常情况下高煤量到20万m3/h时，锅炉负荷200t/h。

环保因素燃料不足
以前在高炉煤气不足的情况下，可以掺烧焦煤补偿锅炉负荷，但焦炉煤气含氨、有机物、硫化物较多，但燃烧时产生的SO2、NOX也大幅度增加到考核值（>100mg/m3）以上。因此，受环保因素制约，目前热能焦煤已基本停用，当高炉煤气不足则锅炉的压力、负荷降低。（目前热能锅炉主蒸汽压力为6~8MPa，负荷120~170t/h），汽机长期偏离额定工况运行。导致发电效率下降。

图4-21

　　第四步，做一些视觉优化，加入图片，配合观点呈现，这个页面就算完成了，如图4-22所示。同样，你可以比较它和最初的页面（图4-18）的区别在哪些地方？相信多看多思考，你也能够用以上步骤优化你自己的PPT页面。

锅炉带负荷额定220t/h，实际最高只160~170t/h

近两年来，锅炉带负荷能力逐步下降

原因一：超期使用效率降低
热能两台锅炉下级空预器已使用8年，远超过锅炉的大修周期（4年）属于超期服役，空预器内腐蚀漏风较多，直观显示就是高炉煤气量到17万m3/h时，烟气CO增加，证明此时燃烧已不完全。（此时锅炉负荷170t/h）而正常情况下高煤量到20万m3/h时，锅炉负荷200t/h。

原因二：环保因素燃料不足
以前在高炉煤气不足的情况下，可以掺烧焦煤补偿锅炉负荷，但焦炉煤气含氨、有机物、硫化物较多，但燃烧时产生的SO2、NOₓ也大幅度增加到考核值（>100mg/m³）以上。因此，受环保因素制约，目前热能焦煤已基本停用，当高炉煤气不足则锅炉的压力、负荷降低。（目前热能锅炉主蒸汽压力为6~8MPa，负荷120~170t/h），汽机长期偏离额定工况运行。导致发电效率下降。

图4-22

第5章

用排版提升审美

划重点：

对比：用对比强烈的设计，让观众知道重点信息和普通信息的截然不同。

对齐：对齐只是手段，不是目的。用好居左对齐、居中对齐和居右对齐即可。

亲密：好的亲密=组间距（远）>段间距（中）>行间距（近）。

重复：喜欢=熟悉+意外，让观众产生对PPT的熟悉。

5.1 对比：如何做到一眼看出重点内容和普通文字的区别的PPT

你有没有遇到类似图5-1左侧所示的没有重点、看不出其中信息逻辑的PPT页面？这时可以像图5-1右侧所示的PPT页面，**放大重点标题，缩小普通正文**，用强烈的对比让页面变得更加重点凸显。在实际操作对比时，你需要记住以下几点。

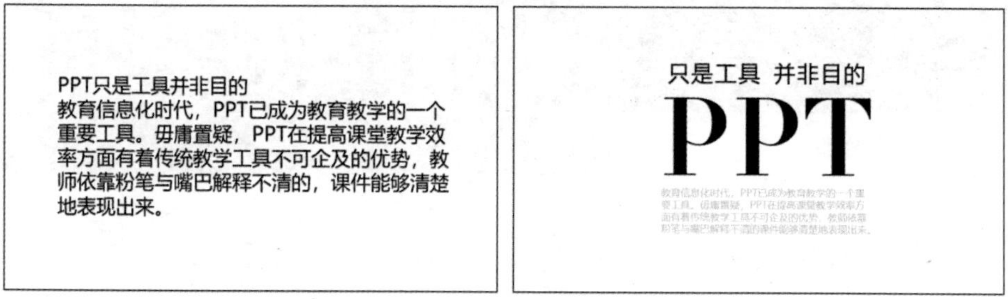

图5-1

（1）对比的好处。

第一是为页面增加视觉效果，很容易吸引观众去看一个页面；第二是对比还能在不同元素之间建立一种有组织的层次结构。我们通过对比，可以更好地控制版面的主次节奏，引导观众阅读。一般在设计上，在元素字体、线、颜色、间隔、大小等方面都可以使用对比，不过在我们**日常PPT中用的最多的对比是文字对比。**

如图5-2所示，将标题文字加粗、放大并改色，同时适度缩小正文文字，可以让右侧PPT页面的重点更加凸显。

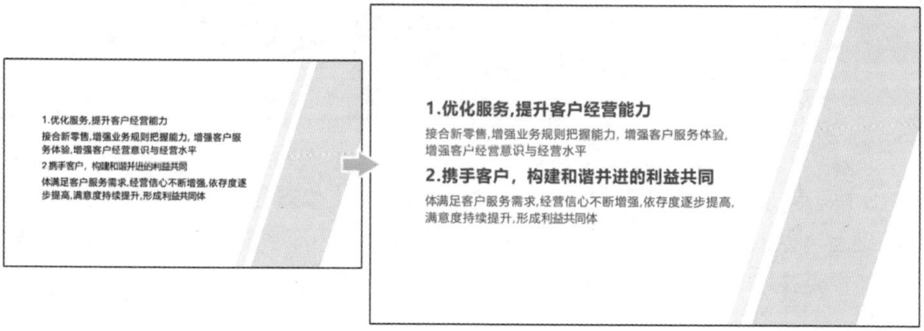

图5-2

再看个数字对比的案例，如图5-3所示，左侧的页面中文字信息不够凸显，反而是背景的图片中的红色机械手臂非常显眼，这样会让观众忽视真正的重点。所以在右侧的PPT页面中，将背景图片中的颜色淡化，并只将重点数字进行放大、加粗并改色，通过对比的方式更加突出数字重点。

图5-3

（2）一个作品中不仅仅只有一种对比，也有多种对比方式组合的呈现。

如图5-4所示，左侧PPT页面中的文字内容相对丰富，但如果直接展示，就没有对比，没有重点，所以将文字中的3个重点内容"小龙虾、总产值4221.95亿元、麻辣小龙虾"进行放大、改色对比凸显，如图5-4右侧PPT页面所示。

图5-4

但这3个重点内容一定还是有主次的，例如"小龙虾"这3个字就是最核心的信息，那可以在此基础上再做对比优化。图5-5所示的PPT页面就采用了多种对比方式：在文字上，将正文内容与重点文字、数字进行**明暗对比**；在颜色上，采用了与橙色、蓝色的**互补色对比**；

在图片上，放大小龙虾的美食图片，页面就有了**视觉冲击力对比**；在元素上，通过蓝色圆角矩形和蓝色圆形的**差异化对比**，让整个画面不再呆板。这样就让整个排版变得**主次分明、逻辑清晰、利于阅读**。

图5-5

下面举几个反例。

● 如图5-6所示，你是不是都看不出来这两张图的区别？其实，右侧的PPT页面将标题文字加大为26号并改成深蓝色，但是非常不明显，这是因为26号字和24号字几乎没有差别，并且深蓝色与黑色的对比也是不合适的。所以，**看不出对比效果的对比，根本不算对比**。

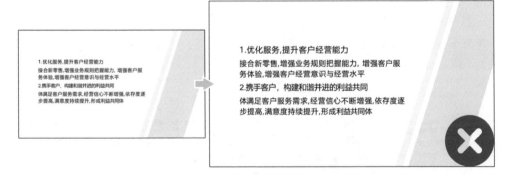

图5-6

● 如图5-7所示，右侧的PPT页面将所有的文字都改成红色凸显，观众会更累。**所有信息都凸显，那就反而没有重点，也就没有对比效果**。

图5-7

- 如图5-8所示，右侧的PPT页面中将不同的信息进行不同方式的对比。**同一种文字信息的对比方式不要过多，否则会给人非常凌乱的感觉。**

图5-8

（3）要记住一个重要规则：大胆对比。

千万不要畏畏缩缩，对比是截然不同。请记住一句话："如果两个项不完全相同，就应当使之不同，而且应当是截然不同。"

5.2 对齐：如何用隐藏的视觉线条引导观众观看PPT的视觉逻辑

你有没有觉得有的PPT的文字排版很凌乱，如图5-9所示？

图5-9

如果在页面中，观众没有看到一些线条的引导，就会觉得凌乱，而这些线条其实就是所谓的对齐。让PPT页面做好对齐效果，你需要记住以下几点。

（1）对齐原则是排版中必不可缺的一点，它可以给版面打造一种秩序感，让整个版面规整且美观，能够使版面统一简洁，更有条理，引导视觉流向。一句话：**让观众准确地找到你想表达的内容**。在PPT中的对齐，一般有三种最常见的分类：**左对齐、居中对齐、右对齐**，如图5-10所示。

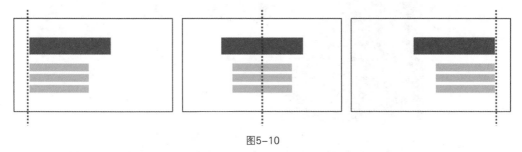

图5-10

（2）**日常运用得最多的是左对齐**。因为人眼看文字的阅读习惯为从左至右，从上至下。以之前的PPT页面为例，版面中的元素以左为基准对齐，如图5-11所示，蓝色矩形、大标题和正文都是左侧对齐。需要注意的是，**蓝色矩形中的文字内容"宁德时代[300750]"不是必须要"极致地"左侧对齐，只要是蓝色矩形左侧对齐就好**。

图5-11

（3）页面中图片位于左侧，那其他文字元素就需要以右为基准对齐，如图5-12所示。相对于左对齐来说，**右对齐更不利于阅读，因此右对齐多存在于内容偏少或更个性化一点的排版中**。例如图5-12所示的页面中，文字内容主要用于衬托主内容，即左侧公司大楼的图片，所以采用右对齐的方式装点画面。

图5-12

（4）版面中的元素以关键对象的中线为基准对齐为居中对齐。**居中对齐给人一种严肃与正式感，因此在文字较少的页面中使用**，多存在于汇报、发布会、展示型内容中。如图5-13所示，将原来页面中的大段正文删去，只留下蓝色标签和大标题凸显严肃感。需要注意的是，大楼的图片由于是不规则样式，所以大致居中就好，不需要做到100%精确居中。

图5-13

（5）为了避免你的"一看就会，一做就废"，下面来看几个容易犯的错误。

- 如图5-14所示，**在对齐的过程中，千万不要手动对齐**。页面中采取的居中对齐的方式看似没问题，其实是用手动的方式将文本框中的文字"强行"对齐。这时你需要注意，既然是居中对齐，文本框中的文字也最好居中对齐，这样更利于排版。

图5-14

- 如图5-15所示，右侧图片中，为了追求文字对齐，正文前的黑色项目符号超出了对齐线，这是不对的。你要注意，**是以元素的边界进行对齐，而不是以其中文字进行对齐**。

图5-15

● 如图5-16所示，右侧图片的上方边距和下方边距不一致，造成头重脚轻的感觉。你需要注意，**整体文字内容在页面的上下边界距离需要一致**。如左侧页面所示，会有更好的留白效果。

图5-16

● 如图5-17所示，右侧图片的整体文字内容都太接近于页面左侧边界，这样的页面非常不好看，**你需要留出一定的距离，让页面有留白效果**。

图5-17

（6）**对齐不是目的，对齐只是手段**。你根本不用去收集其他很多种的对齐方式，在PPT制作中，你使用这三种对齐方式足够了。相信我，你做PPT的目的是为了更有逻辑地展示信息，这才是排版的意义所在，而非求异为美。

关于对齐，你还可以在很多地方学习，例如说电梯里的广告、书籍杂志上的图片等。我们可以从众多优秀的平面作品中看到对齐原则的存在，应当多看优秀的内容编排，多学习排版的方法并理解其含义。

5.3 亲密：如何让观众一眼就看出PPT中的重点分组

你有没有遇到一些PPT内容很多，信息很杂乱，没有线索的时候？如图5-18所示的这大段文字，由于文字大小和段落距离都是一样的，就无法看出它们之间的组织关系，阅读性和信息传递效果非常差。

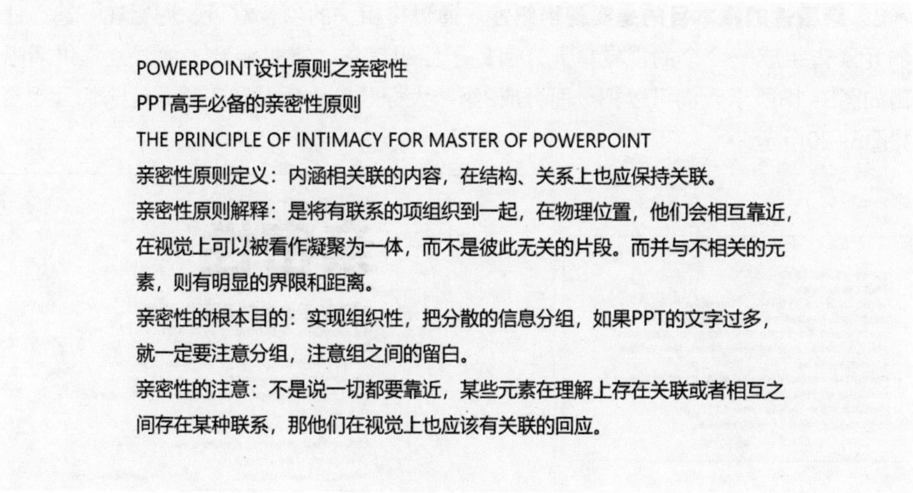

POWERPOINT设计原则之亲密性
PPT高手必备的亲密性原则
THE PRINCIPLE OF INTIMACY FOR MASTER OF POWERPOINT
亲密性原则定义：内涵相关联的内容，在结构、关系上也应保持关联。
亲密性原则解释：是将有联系的项组织到一起，在物理位置，他们会相互靠近，在视觉上可以被看作凝聚为一体，而不是彼此无关的片段。而并不相关的元素，则有明显的界限和距离。
亲密性的根本目的：实现组织性，把分散的信息分组，如果PPT的文字过多，就一定要注意分组，注意组之间的留白。
亲密性的注意：不是说一切都要靠近，某些元素在理解上存在关联或者相互之间存在某种联系，那他们在视觉上也应该有关联的回应。

图5-18

这时你可以用亲密性原则，让信息更有条理，更易阅读，也更容易被记住重点。使用亲密性原则时，你需要记住以下几点。

（1）我们人的大脑天生就喜欢有亲密性的分组。我们来做个小测试：如果让你快速选出不同颜色的水果，你觉得哪一种摆放方式会更好选择？如图5-19所示。你是不是更喜欢右侧图片中的摆放方式，这是为什么？答案很简单，第一张图中的水果没有规律地混在一起，短时间内很难分辨出不同颜色的水果，你甚至需要一个个去挑选对比。而第二张图片中的水果，按照亲密性原则把相同颜色的水果分组放在一起，就会成为一个个的视觉单元。这样会减少混乱，我们可以很快地组织信息，形成清晰的结构。超市中的商品这样摆放，不仅方便客户挑选，还给人一种秩序感和高端感，售价自然也会更高。反观左侧图片，一般都是水果小贩习惯性地将一堆水果堆在车上售卖的方式，给人一种混乱、廉价的感觉。

 VS

图5-19

（2）**亲密性的根本目的是实现组织性**。通过将相关的项目靠近、归组在一起，让多个孤立的元素重组成一个个的视觉单元，有助于组织信息，减少混乱，为观众提供清晰的结构。例如图5-18所示我们可以把页面分成3组：大标题、小标题和正文，让它们互相更加亲密，如图5-20所示。

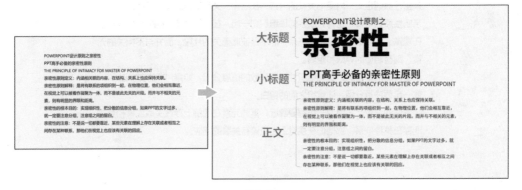

图5-20

（3）使用亲密性原则时，最关键的就是不同分组之间的**距离远近**。你需要保证各间距组合之间的相对性比例，你要记住一个非常重要的公式——**好的亲密关系为组间距（远）>段间距（中）>行间距（近）**。这样就能使你的信息更高效传达，排版也具有节奏感和美感，具体如图5-21所示。

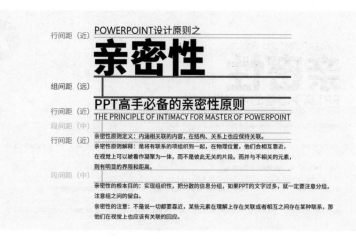

图5-21

（4）在实际的PPT设计中，亲密性原则的应用，有几个很高频的错误你一定要注意。

- 如图5-22所示，很多人认为有间距就叫有亲密性，于是将所有内容平均分布，这是一种错误的方式，它会造成**此版面有N个信息组，页面失去重点，显得过于散乱**。

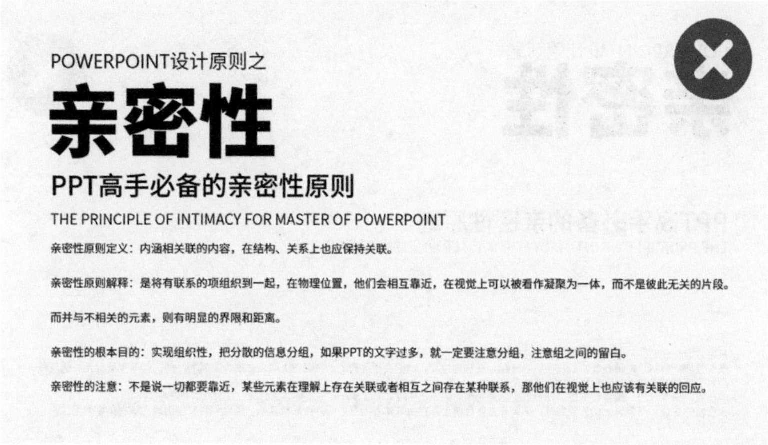

图5-22

- 如图5-23所示，将重要的标题信息聚拢，反而将不重要的正文信息进行大距离的分开，这是主次颠倒。请记住，**元素的关联性越大，间距就越小**。

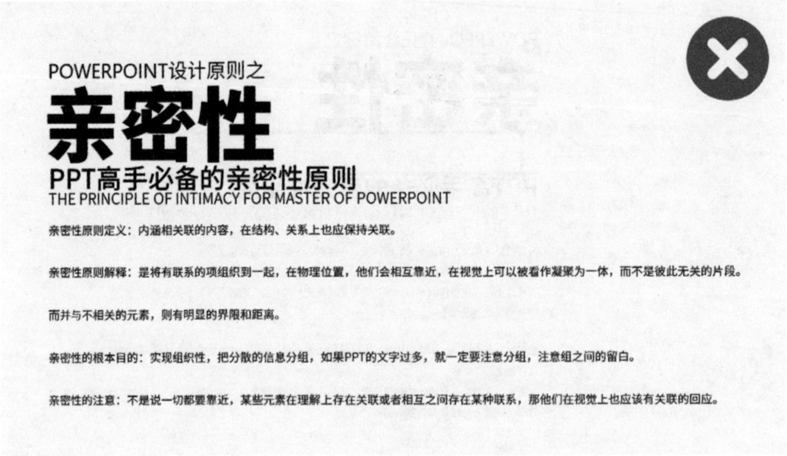

图5-23

- 如图5-24所示，将大标题、小标题和正文过于分开，造成3个模块没有任何关联性。**亲密是相对分组，不是绝对分离**。这样会造成信息逻辑撕裂，观众会认为是3个内容。

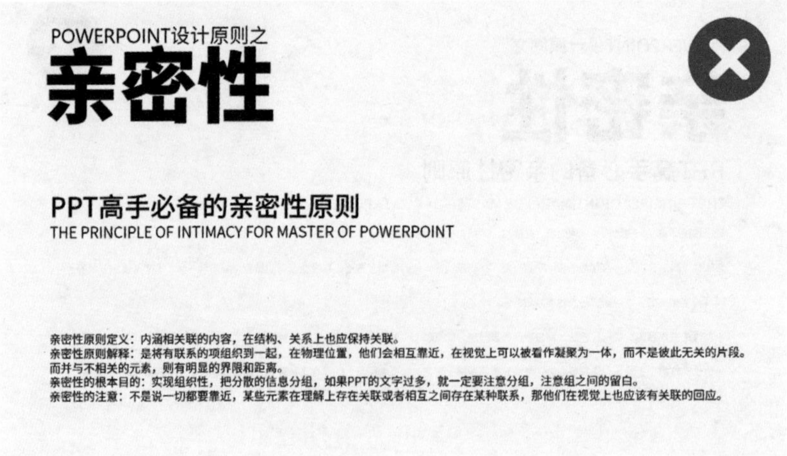

图5-24

- 如图5-25所示，如果文字的间距过大，也会让亲密性失效。一般**字体字号要大于文字间距**，这样会更有亲密性，如图5-26所示。

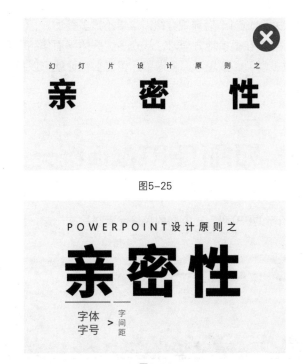

图5-25

图5-26

当然，可能在一些特殊排版情况下，文字会拉得比较开。这时可以在文字字号之间加入元素，例如"点、线、面"（具体细节详见6.1节），让文本框中的内容更加丰满，如图5-27所示。

图5-27

（5）除了通过调整间距进行信息关系的划分，还可以通过线条分割、形状分割与色彩分割等建立不同的组合关系。6.1节有详细介绍，这里不过多赘述。

关于亲密，你同样可以在很多地方学习，从众多优秀的平面作品中看到亲密原则的具体应用，不断积累。通过多学习、多思考、多借鉴，相信很快你就可以把这个知识点熟练地应用并内化进你的大脑中。

5.4 重复：如何让PPT整体统一

你遇到过图5-28所示的PPT吗？把不同的风格元素拼接在一起，给人的感觉就像"大杂烩"一样。

图5-28

PPT要保证风格统一，你需要应用"重复性原则"。**我们都知道，喜欢=熟悉+意外**，而"重复性原则"就是保证这个熟悉。有了熟悉的重复，可以让整个PPT的风格不至于出现大的起落。关于"重复性原则"的使用，你需要注意以下几点。

（1）全世界各地的星巴克门店都有统一的装修风格，如图5-29所示。不管是哪里的星巴克门店，他们都有一些统一重复的东西：暖色系的黄色灯光、招牌字体、绿色/白色LOGO等。让这些统一的元素重复地出现在世界各地的星巴克门店中，以至于在众多店铺中，你一眼就能认出星巴克，这就是重复统一的力量。

图5-29

（2）重复性放在PPT中同样适用——**在页面设计中某些方面需要重复原则来强调重要性，突出主题**。重复元素可能是颜色、字体、空间关系、图形、材质、形状等。甚至你可以把它理解为一些贯穿始终、一直不变的元素，甚至是一直用格式刷重复格式的元素。通过重复性，让观众对PPT产生熟悉亲切的感觉。

（3）在PPT中，文字重复是用得最多的。如图5-30所示，这份PPT中，每一页都会重复以楷体作为突出显示的重点字体，让整份PPT风格统一。字体重复时需要注意的是，**同级别的文字，其字体、字号颜色和效果一般不要变化，但文字的空间位置、对齐方式在不同页上是可以变化的**。

图5-30

（4）在图片重复处理上，图片效果的重复也是常用的。如图5-31所示，这份PPT中，页面中有5张图片都是选用统一的商务图片，尺寸裁剪也为同一大小的图片，而且将颜色调整为黑白，这样会给人感觉这一页PPT页面中，图片再多也不会凌乱。

图5-31

再看一个页面。如图5-32所示，3张图片都是采用统一的方式抠图，只留下主体的笔。3张图片也都是按统一的大小进行裁剪，并旋转角度，平均排列，形成重复统一的感觉。

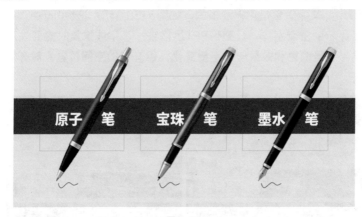

图5-32

同样需要注意的是，**图片着色、剪裁方式和阴影、艺术效果、排列方式等一般需要保持重复，不用刻意变化**。在保证重复统一的大前提下，根据具体页面内容进行适当微调，如图片的空间位置、布局方式、大小等。

（5）色彩重复需要贯穿整份PPT的始终。如图5-33所示，通过重复性出现的黄色来保持重复统一。这份PPT中，主色调为黄色，所以黄色在每个页面上都会有体现，而不会出现别的新颜色。

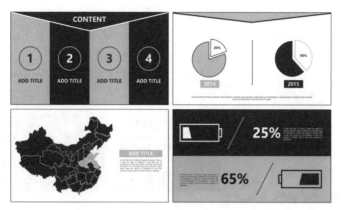

图5-33

（6）装饰元素重复也是很常见的。设计中视觉元素的重复可以将作品中彼此孤立的部分连在一起，从而统一并增强整个作品。如图5-34所示，两个白色的三角形，虽然不是一模一样，但通过类似元素的重复，让页面更加统一聚焦。

图5-34

需要注意的是，重复元素不是只用一次，只放在一页PPT上。为了一份PPT整体重复统一，保持一致，你需要将这些元素"重复利用"——**最好用的方法就是直接将需要重复使用的元素复制粘贴**。建议元素的形状、材质（纹理等）、三维、结构构成等保持不变，而形状、大小、空间关系等可以根据实际情况排版使用。

举个实际优化的例子，如图5-35所示，优化后的右侧PPT页面在重复性方面做了以下调整。

- 文字方面，将3个标题文字都采用重复的红色黑体加粗。
- 图片方面，更换页面上方为真实图片；将所有的图标更换为统一风格。
- 颜色方面，将所有突出显示颜色设定为统一的红色。
- 元素方面，在标题和正文之间增加统一重复的横线；将序号"贰"换为阿拉伯数字"2"，和整体风格更搭。

图5-35

"重复性原则"运用很广泛。你可以多学习一些好的PPT页面作品，看看其中好的重复性应用。需要说明的是，如果是一些非重要场合的PPT，例如部门分享PPT，就不用太过花哨，集中心思在你的内容上——你甚至可以用一种风格，一直重复使用十年，久而久之便成了你自己的风格。

第6章

用模板变身PPT

划重点：

PPT中最为设计加分的三个元素：点、线、面。

PPT中最基础的排版版式：上下排版、左右排版。

PPT中的版式和模板都是手段不是目的，别成为"模板收藏家"。

用"版图色"将网上模板变成你自己的专属模板。

6.1 点线面：如何只用一招让PPT瞬间颜值满满

想让你的PPT页面瞬间焕发光彩吗？虽然有很多方法可以让页面变得"美美哒"，但有的技巧复杂得让人头疼，有的简单到只需一招。我要给你带来的就是后者，制作简单，效果却出奇制胜的小秘诀——点线面的魔法。

如果你的页面看起来有点单调，别担心，我们只要稍微动动手指，加点"料"，就能让整个页面焕然一新。例如，我们来试试加入一个"点"，这样一来，页面上立刻就有了吸引眼球的焦点，如图6-1所示。这是因为**我们的眼睛天生就爱追逐那些引人注目的焦点**。这样一来，你的PPT不仅好看了，还能牢牢抓住观众的注意力。

| 没焦点不好看 | ➡ | 加个点 · 就好看 |

图6-1

例如，我们还可以画出一根直线，如图6-2所示，这条直线就像是魔法棒，让原本平淡无奇的页面突然间层次分明，生动起来。**线条在优秀的PPT设计中扮演着至关重要的角色，它们不仅引导观众的视线，还增添了视觉上的节奏感。**所以，下次当你觉得页面缺少点什么时，不妨试试加入一条直线，让你的设计更加出彩。

| 大数学院
线条/图形/工具/职场充电课程 | ➡ | 大数学院
线条/图形/工具/职场充电课程 |

图6-2

在PPT的世界里，线条就像是那些万能的乐高积木，你可以随心所欲地搭建出各种造型。不过，这里有个小技巧：当你想画出一条直直的线条时，记得**按住Shift键，这样就能画出一条笔直的水平线或垂直线**。横竖分明的线条会让你的PPT看起来更正式。

如果想要调整线条的粗细，单击"形状格式"里的"轮廓"按钮，在弹出的列表框中可以让你随心所欲地调整，如图6-3所示。甚至还可以给线条加上各种效果，让它们看起来更有个性。

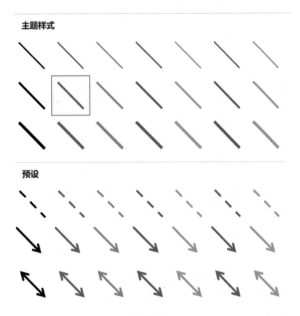

图6-3

一根线条已经够酷了，如果把几根线条搭配起来，如图6-4所示，效果绝对能让你眼前一亮。几根线条一出现，就能像"魔法师"一样把页面上的内容分门别类，让整个PPT的层次感瞬间提升好几个档次。

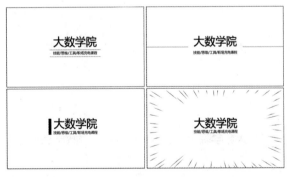

图6-4

"面"就是让我们的PPT页面从平面走向立体的神奇元素了。它能让页面的层次感和深度感大大增强，就像是给画面加上3D效果一样。通常，我们用形状来创造"面"，可以是矩形、圆形、多边形，甚至是自由绘制的形状。例如，你可以在页面的一角放置一个半透明的圆形作为背景，这样**不仅能够突出页面的焦点，还能让整个设计看起来更有内涵，更有深度**，如图6-5所示。

图6-5

通过合理地运用形状，你可以轻松地对页面内容进行分组，让观众一眼就能区分出不同的信息块。而且，形状的颜色、大小和透明度都可以随意调整，这样你就可以根据自己的喜好和页面的主题来设计，创造出独一无二的视觉效果。不要小看了这些简单的形状，它们可是让你的PPT变得生动有趣、层次分明的关键所在。如图6-6所示，形状不一定要占据页面的一半，也可以占据一小部分或者一大部分，而且形状也可以是其他规则的，例如圆形，甚至也可以做成全面效果。

图6-6

如果你觉得纯色的"面"看起来有点单调，别急，可以给它来点"花样"。例如，把纯色换成渐变效果，或者尝试其他的填充方式，这样一来，你的页面就会立刻生动起来，色彩更丰富，更有视觉冲击力，如图6-7所示。

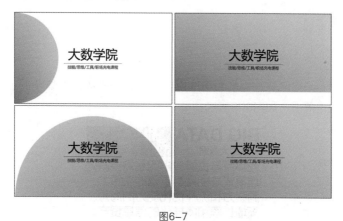

图6-7

还有一招，就是把"面"变成图片。这招也是相当"给力"的。例如你可以在"面"里嵌入一张图片，这样不仅能增加视觉兴趣，还能传达更多的信息，如图6-8所示，是不是感觉整个页面都活起来了？

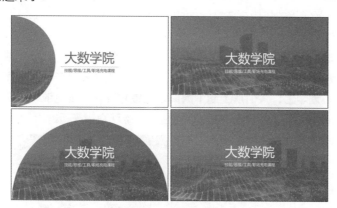

图6-8

"点、线、面"这三个小元素虽然简单，用起来却非常实用，它们能够让你的PPT页面一下子变得生动有趣。不过，记住，使用这些元素并不是每个页面都必须全部用上，如果你能够巧妙地运用其中一种元素就能让页面层次丰富，那再好不过了。关键是要根据你的内容和设计感来灵活运用，让每个页面都变得独一无二。

6.2 上下左右：所有平面排版套路的开山鼻祖

你可能也见过这样的PPT：内容密密麻麻，像是把所有的信息都塞进了一个小盒子里，看起来既拥挤又缺乏美感，如图6-9所示。

BIG DATA
什么是大数据
或称巨量资料，指的是需要新处理模式才能具有更强的决策力、洞察力和流程优化能力的海量、高增长率和多样化的信息资产。

图6-9

其实，要想让你的PPT看起来既专业又美观，并不需要你成为一个艺术大师。只要掌握一些基本的排版原则和技巧，就能轻松打造出让人眼前一亮的PPT。那么，接下来我要分享给你三种超级简单又实用的排版方法，让你的PPT瞬间提升档次。

（1）上下排版。

上下排版方式上下结构分明，让观众能够轻松跟上你的思路。把标题放在顶部，然后是关键点或者更详细的内容。这种排版方式特别适合讲述故事或者按时间顺序来展示信息，如图6-10所示。**在心理学上，人们从上到下的阅读习惯被称作"视觉流"**。不过，偶尔改变一下阅读方向，例如从下到上，可以打破观众的预期，给观众带来新鲜感。

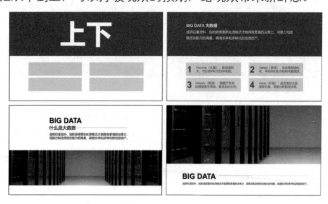

图6-10

（2）左右排版。

当你想突出对比或者并列关系时，左右排版是个不错的选择。例如，左边可以放置一个主题或概念，右边展示与之相关的数据或图片。这种布局让PPT显得平衡而又层次分明，不一定是50%。在艺术设计中，**不对称性可以创造出动态和紧张感，这与我们大脑寻求新奇和变化的天性相呼应**，如图6-11所示。

图6-11

（3）平均分布。

你可能会说：上下左右排版我会了。但要是页面中内容很多，又该如何排版呢？这时，你可以使用平均分布。如果你有多项同等重要的内容需要展示，平均分布就是你的最佳帮手。**将内容均匀地分布在PPT页面上，可以让观众一目了然地看到所有要点，非常适合展示产品特点或服务优势**。这种技巧被称为"打破对称性"，它可以引导观众的注意力到最重要的信息上，如图6-12所示。

图6-12

改变排版的方式，就像是在讲述故事时变换语气和节奏，可以让你的PPT更加吸引人。记住，好的排版不仅仅是美观，更重要的是它能够帮助观众更好地理解和记住你的信息。让演示文稿如同音乐专辑，每一页都有不同的旋律。

通过大小、颜色和对比，强调重要的信息，让观众的目光自然地落在重点上。需要注意的是，每个页面不要放太多内容，保持简洁，让观众能够轻松消化。

记住，**不要贪多求全，毕竟你不是"美工"**。灵活运用这三个简单的排版套路，你的PPT制作效率和质量都会大大提升。

6.3 模板大全：见多识广的操作

6.2节介绍了在设计页面时可以使用的上下、左右布局，还有平均对齐的小技巧。接下来，为你分享一些我觉得又简单、又好用的模板版式。

具体使用方法也很简单，在PPT模板页面中，你只需添加个性化的图片和文字，瞬间就能转化成独具特色的内容展现。再加上引人注目的标题和正文文字，一个专业的PPT页面便迅速呈现在眼前，如图6-13所示。

图6-13

为了简洁高效，图6-13仅展示了两页完整设计，其余部分则采用模板统一风格。模板中的白色区域灵活多变，你可以轻松替换成任何背景图片作为页面的视觉基底。具体如图6-14所示。

（1）封面系列。

（2）目录页系列。

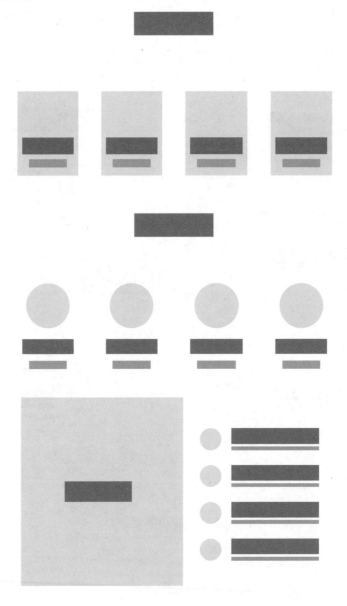

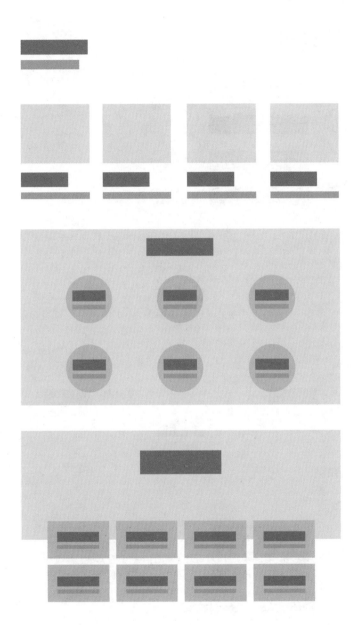

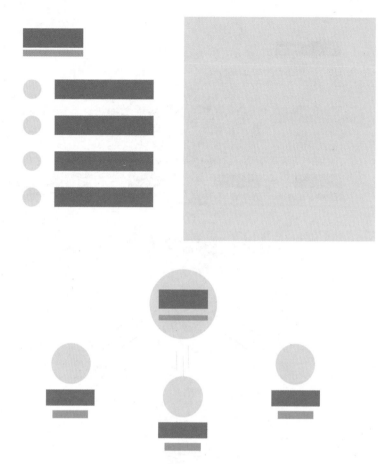

（3）过渡页系列。

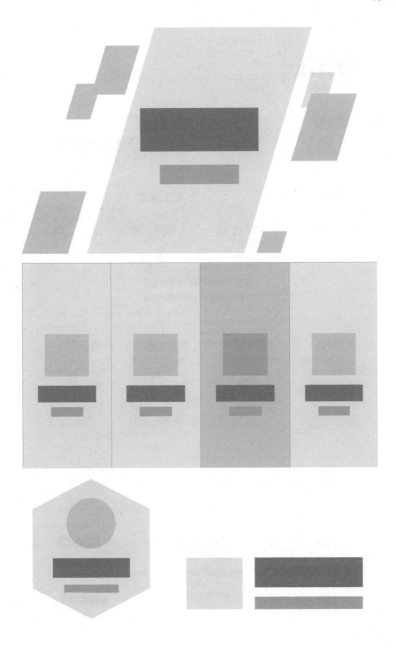

（4）内容页系列。

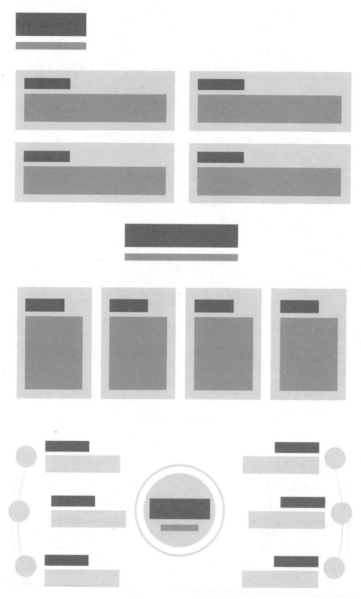

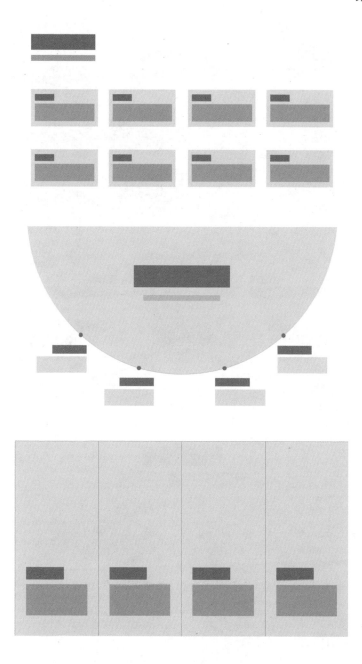

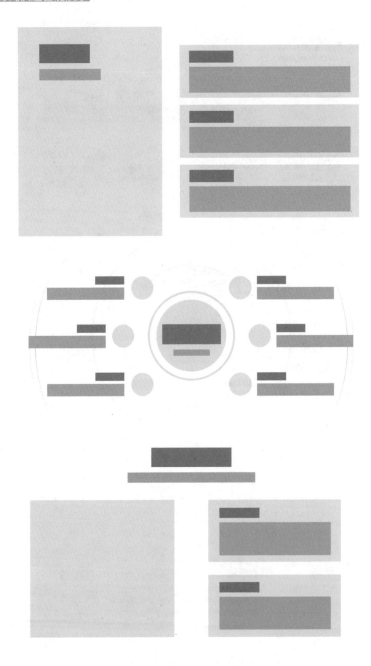

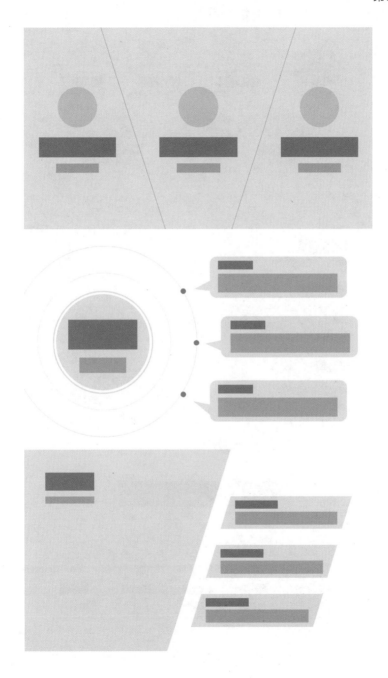

（5）时间页系列。

（6）人物页系列（人像涉及肖像权，书中就用我的头像。你可以模仿版面，将图片换成自己的头像图片。注意，一定是无背景的PNG格式）。

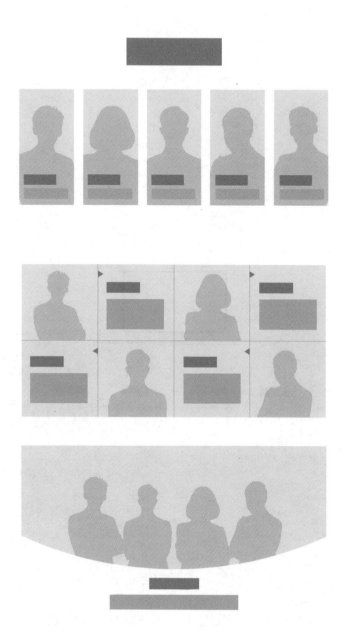

（7）结束页系列（可以在方形的位置放入你需要展示的二维码）。

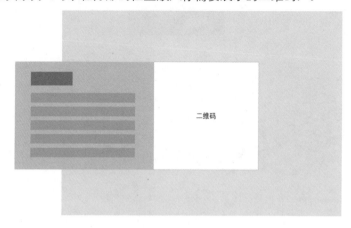

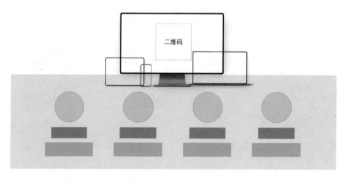

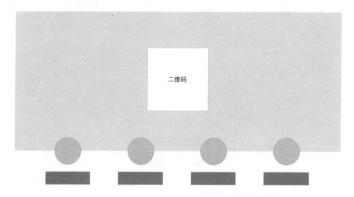

图6-14

如果在没有模板的情况下不知道该怎么设计页面，那就参考图6-14所示的基础布局原则，它们能给你的设计带来灵感和指引。

这些模板已足够你灵活运用，而且你可以根据个人情况举一反三。**不必成为一名排版模板的收藏家，也无须执着于积累大量的模板。**记住，排版并非终极目标，它只是一种手段，旨在服务于更高的宗旨——突出核心信息。再次强调，**通过巧妙地排版设计，我们的目标是使观众能够直观且便捷地捕捉到我们希望传达的要点。**选择和设计排版的方式至关重要，它应该强化你想要传达的信息，确保每一次演示都精准高效，给人留下深刻印象。

6.4 模板套用：如何改变"版图色"将别人的PPT模板变成自己的风格

在工作中，我们经常需要套用模板来提高工作效率。但你可能已经注意到，很多人套用的模板往往显得过于标准化，缺乏个性。虽然外表看似美观，但在这样一个信息爆炸的时代，人们已经见过了无数的PPT模板，眼界自然提高。因此，当一个明显是套用模板的PPT出现时，很难激发起人们的兴趣。说白了，这样的模板缺少个性化，原因在于没有投入足够的时间去精心制作。如何快速又高效地利用手头的模板，同时还能展现出自己的风格，我来告诉你。

事实上，在制作PPT模板的过程中，很多人可能陷入了误区，以为只要套用一个现成的模板，就能轻松做一场精彩的分享。但你要知道，现在的职场人士见过太多精美的PPT，仅仅依靠一个漂亮的模板就想打动他们，那是不太可能的。PPT真正需要的是你个性化的表达。模板给你的只是一个基础，一个半成品，你需要在这个基础上加入你自己的思考，让你的PPT与众不同。

更好地使用模板，你只需要记住"版图色"三字诀。"版图色"代表**调整版式、更改图片和重新配色**这三个关键步骤。

以一个具体的例子来说明。我下载了一份风格喜庆的年终总结模板，它本身的设计很吸引我，也很符合我的个人风格，如图6-15所示。

图6-15

"版图色"中的第一步——调整版式。当我们发现模板中某些页面版式并不完全符合我们的需求时，我们可以将页面上的图片或布局进行调整。如图6-16所示的模板，除封面外，其他页面版式都进行了个性化的增减。你可以使用复制粘贴功能，或者直接删除不要的版式元素。

"版图色"中的第二步——更改图片。再来看看模板中使用的图片。发现了吗？这些图片往往是通用的，它们并不承载特定的意义，几乎可以用于任何模板中。这样的PPT很容易让人一看就发现是简单套用了模板，缺乏个性化。为了解决这个问题，你可以使用自己工作相关的图片来替换模板中的原始图片。例如，你的公司是从事高科技芯片制造的，可以将产品的实物图片或者芯片的微观图像替换掉模板中的图片，以此来展示公司的核心技术和产品；如果公司的大楼具有特色，或者外观设计很吸引人，可以使用公司大楼的PNG图片来替换模板中的建筑图片，如图6-17所示。通过这样的图片替换，PPT将更具个性化和专业感，更好地反映你所在公司的特色和业务。这样的调整不仅能让PPT看起来更加独特，也能提升演示的整体质量和专业度。

图6-16

图6-17

"版图色"中的第三步——重新配色。你需要注意整体的色彩统一性。如果公司的品牌色彩与模板的原始风格不匹配，例如你的公司颜色是蓝色，代表着科技感，而模板的风格是新年的喜庆风格，以红色为主，那么这就需要我们进行最后的调整，以彻底改变PPT的整体风格，使其更加专业和符合品牌形象，如图6-18所示。

图6-18

这里你需要注意的是，所有红色元素都需要统一更改，无论是一个小圆形，还是一根简单的线条，都不能留下任何红色。为了快速高效地完成这项工作，你可以使用"格式刷"工具。

通过"版图色"三个步骤的修改，我们成功地将一份新年喜庆风格的红色PPT转变为一份个人专属的商务科技风蓝色PPT。最后，在这个个性化模板的基础上，你只需更新和修改文字内容，一份专业且大气的工作总结汇报就完成了。这样的流程确实简单而高效，能够帮助你在短时间内制作出既美观又专业的演示文稿。

第7章

用美图视觉化PPT

划重点：

图片搜索引擎用"必应"。

AI文生图的详细教程。

AI图文融合的艺术字超简单做法。

7.1 好图哪里找：来这里找到更高端的PPT配图

PPT中好看的图片往往都不是你的重点，它们只是被用来衬托一种气氛，烘托一种感觉。如果你的时间有限，应该在内容传递上花心思，而不是为了找高端的图片而找图片。

好的图片可遇不可求，你平时可以养成收藏图片的好习惯。你可以将好看的图片命名后分类收藏起来。

不建议使用百度、360等国内搜索引擎进行图片搜索，因为那里面的图片大多数用户都曾见过或使用过，质量较低且缺乏新鲜感。推荐使用"必应bing.cn"进行图片搜索，如图7-1所示，以获取更高质量且更具创新的图片素材。

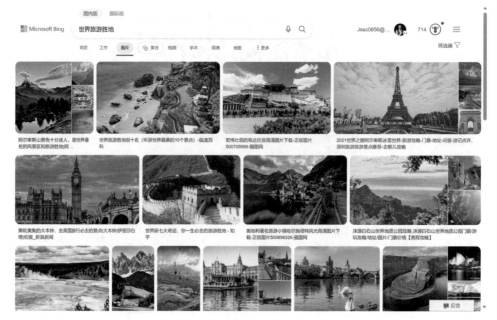

图7-1

不要浪费大量的时间在搜索图片翻页上。请记住，如果你在搜索首页找不到想要的图片，也很难在接下来的页面中找到你想要的图片。

搜索图片不顺利时，不要只想着用PPT主题中的关键词，试着用"3W场景法"——Where/Who/What。例如你做一份"公司面试"方面的PPT，直接搜索"面试"二字很难出现合适的配图。你可以想想面试的3W场景：Where面试：大楼、办公室……Who面试：商务人士、正装……What面试：交流、记录、握手……这样你就有了很多合适的关键词，使用任意一个词搜出来的图片都会和你的PPT主题有视觉关联，如图7-2所示。

图7-2

不要屯图片素材网站。如果你只用一个免费好用无版权的搜图网站，你可以使用Pexels（图7-3）。

图7-3

如果你只用一个PNG（免抠图片）搜图网站，你可以用pngimg（图7-4）。

如果你实在找不到好的图片，不妨试试将你的PPT背景设置为渐变背景，不用图片同样可以很高端，如图7-5所示。除了白色背景，这些渐变效果也都很好看。

图7-4

图7-5

7.2 多图排版：要在一页PPT里插入多张图片，如何保持美感

日常制作PPT时，难免会遇到这样一种情况：为了让观众有更直观的感受，需要在一页

PPT里同时插入多张图片。如果不注意排版，不仅会导致PPT看起来杂乱无章，还会分散观众的注意力，削弱你表达的力量。

要想在插入多张图片的同时，保证PPT页面的美观和整洁，不要只关注排版本身，而**要思考清楚多图片排版的目的，**之后再采用不同的排版方式。

一般在PPT里插入多张图片，主要出于三种目的：突出页面主题、突出图片内容，以及展示内容的丰富程度。

第一种目的，突出页面主题。多张图片都属于一个类型，都是为了说明一个主题。在这种情况下，图片不需要全部清晰展示出来，只起到渲染氛围的作用就可以。

举个例子，你做了一个多图介绍的页面，需要在PPT里插入很多张相关照片，但图片风格不统一，照片质量参差不齐，而且人物、主题都不同，很难协调统一。那就不如换个思路，把这些照片放置在白色矩形上，组合起来，感觉像"拍立得"的照片。然后随意将多张照片，看似凌乱地放在一起。这样不仅更美观，而且信息也更聚焦，如图7-6所示。

图7-6

第二种目的，突出图片内容。在这种场景下，每张图片都是重点，那我建议你不要把多张图片挤在一页上面，可以把它分成多页PPT，重点图片单独展示。就像把每张图都当成明星，让它们单独成页，一个接一个地"亮相"，这样才能真正突出每个重要的画面。

第三种目的，图片主要是为了显示内容的丰富程度。虽然这些图片都是为了说明同一个主题，但每一张都需要展示出来，而且彼此属于并列关系，因此排版的关键在于要重复设计，塑造整齐的美感。

例如，你要介绍历史上伟大的物理学家，你在收集照片时会发现照片的大小、横纵比往往各不相同，直接排版看起来非常混乱。建议你把图片裁剪成一样的形状，如统一比例的六边形，创造一致性来对抗混乱，如图7-7所示。

最智慧的头脑

从文艺复兴到19世纪，是经典物理学时期。随着20世纪的到来，量子论和相对论相继出现；新的时空观、概率论和不确定度关系等在宇观和微观领域取代牛顿力学的相关概念，人们称此时期为近代物理学时期。

图7-7

要想从设计上实现整齐的美感，我建议你不要随意摆放图片，而是使用PowerPoint软件中"图片版式"的功能来自动排版多张图片，更加方便快捷。（具体操作：选中多张图片后，在"图片格式"选项卡下选择"图片版式"选项，即可完成自动排版，如图7-8所示。）

图7-8

最后，我们要搞清楚一点，并不是每份PPT都要像拼图一样塞满图片，所以，完全没必要为了凑数，而把PPT弄得像满是广告的报纸一样。放图片可不是为了"凑热闹"，而是要有画龙点睛的魔力。总之，**只有在图片真的能帮助PPT更易懂、突显重点、提升颜值时，才有必要加入**。否则，就算是再高级的图片，也别随便放进PPT里。

7.3 更好看的商务配图：想让PPT配图更具商务范，怎么办

在商务场合，PPT的模板设计再精致，颜色搭配再完美，文字再精炼，一两张错误的图片选择也能让你的努力功亏一篑。商务PPT中的图片选择至关重要，因为它们是视觉焦点。一张高质量的图片能提升整份PPT的品质，而一张不恰当的配图则可能破坏整体效果，甚至掩盖PPT的核心价值。因此，在商务场合下，正确选择配图至关重要，需要注意以下几点。

（1）PPT不仅是文字描述，更需要有视觉力的图片，观众才能有直观感受。PPT中有**一图胜千言**的说法，如图7-9所示。

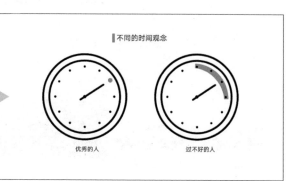

图7-9

（2）如果是商务场合使用的PPT，要避免像"儿童动画式"的画风。如图7-10所示，左侧的页面就好比在正经的会议上突然放上一段卡通音乐一样，有点格格不入；右侧用真实的图片，就像给PPT穿上正装，给观众一种专业感。

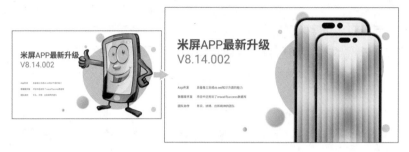

图7-10

（3）如果PPT中出现人物肖像照，一定要保证人物的视线方向和重点内容的方向一致，看起来会更和谐统一，如图7-11所示。

图7-11

（4）不仅是公司产品介绍的PPT，其他PPT中也要注意**图片不要拉伸**，应该将图片等比缩放或者裁剪，如图7-12所示。

图7-12

（5）不要直接把图片放在PPT中，如果需要有视觉冲击力，应该裁剪图片。你可以**裁剪掉那些不重要的部分**，这样更能突出放大核心元素，也更有视觉冲击力，如图7-13所示。

图7-13

（6）如果是全图型页面，不要直接将文字放在图片上。你需要**在文字和图片之间放入一个半透明无边框的形状蒙版**，这样过渡更加自然，如图7-14所示。

图7-14

（7）如果是商务场合的PPT，不能出现带其他水印的图片，你也应该裁剪掉它们。

（8）也不要随便去网上找一些图片放在你的公司产品介绍PPT中，那样有可能因为图片版权，给你和公司带来不必要的麻烦。你最好**用自己公司的宣传图片，这样既真实可信，又个性美观**。

7.4 AI文生图：找不到好图，不如自己画

我不知道你是怎么为你的PPT寻找配图的，是不是还在辛辛苦苦地翻找以前模板里的图片，或者是在百度上搜索图片。这些方法虽然以前可能还够用，但现在有了新的AI工具，它们可以帮你更快地节省时间，甚至可以根据你的描述来生成AI绘图。

考虑更加方便地上网使用，我选择使用阿里公司出品的通义万相进行操作。**其他AI绘图软件工具的操作也大致相同**，所以你可以举一反三，希望我的操作解释能够为你抛砖引玉。

第一步，进入通义万相网站（图7-15），这里使用手机号或者支付宝即可登录。通义万相是一个AI软件网站，免费使用，每天有50张图片的权限，每天零点会清零。别觉得50张少，实际上绝大多数人每天都用不完这50张额度。

图7-15

第二步，在网站首页单击"创意作画"按钮，进入创作页面。在左侧文本框中输入你想要的图像效果，例如，我想做一份关于未来城市的PPT，所以在这里输入关键词：未来城市。在下方的图片比例中选择横版的16∶9。最后单击"生成创意画作"按钮，如图7-16所示。

图7-16

很快，AI为我生成了四张图片。但仔细一看，这些图片并不让人满意。画面显得有些空洞，缺乏活力。我随机打开一张，发现图片缺少了一些生动的元素，如图7-17所示，图片看起来死气沉沉的。

图7-17

　　这可不能怪AI。问题出在我们和它的对话上，因为我只给了它四个字的关键词，这样的描述确实有点难以生成精准的图片。还记得我们在第1章提到的吗？**与AI的沟通要学会使用关键词对话——在图片绘制过程中，这个原则同样适用**。我们需要更具体、更详细地描述我们想要的画面，这样AI才能更好地理解我们的需求，生成符合我们预期的图片。

　　第三步，想要生成一张满意的图片，最好包含**主题+主题描述+风格描述+细节描述**。例如，这次我输入：未来城市（主题），科幻（主题描述），超广角俯瞰视角，电影特效（风格描述），多辆飞行汽车悬浮在城市中（细节描述）。可以看到，效果就会好很多，如图7-18所示。

　　第四步，如果不满意，你还可以选择"重新生成"。当然，如果这些提示词你觉得很喜欢，下次使用时可以直接单击"复用创意"按钮，就不用再重新输入提示词了。

　　第五步，随便选用一张图片作为PPT的背景图片，加上文字、半透明形状蒙版和光效图片，一份好看的PPT就做好了，如图7-19所示。

图7-18

图7-19

7.5 AI文生图进阶：注意这几点，生成更好的图片

有了AI，就算你不会画画，也能轻松生成高质量的图片，这一技术的发展极大地拓宽了创意表达的边界，让更多人能够参与到视觉艺术创作中。

表面看AI文生图就是利用人工智能，根据你的文字描述来创作图像。但是，这背后是一系列复杂的算法和模型在起作用。对于很多人来说，使用AI文生图可能会遇到一些挑战。要想顺利生成心仪的图片，有几点特别需要注意。

（1）提示词尽量不用长句子，**最好用关键词，一个一个的单词或者词组（英文中文都可以）**，它们之间用逗号隔开。这样会让AI识别更加精准。

提示词的描述非常重要，不同提示词生成的图片可谓千差万别。如图7-20所示的例子，普通写法和推荐写法的区别还是很大的。

（2）如果你在选择提示词时感到灵感枯竭，不妨试试页面左侧的"咒语书"功能。这里收录了各种常用的提示词，你可以根据自己的需求进行创意组合，将多个提示词混搭，打造出更加复杂和个性化的创意。另外，如果你心中已经有了理想的参考图，可以把它保存下来并上传。这样，AI生成的图片就能更加贴近你的期望，让作品呈现出你想要的样子，如图7-21所示。

图7-20

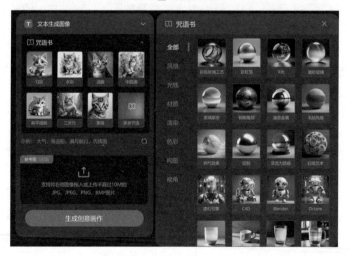

图7-21

（3）在制作PPT时，图片的作用是营造氛围，而非成为焦点。选择图片时，无须过分纠结细节，关键是要传递出恰当的感觉。记住，PPT的本质在于传达观点，图片只是辅助工具，旨在增强信息的吸引力和易理解性。所以，**挑选图片时，以简洁、高效为原则，确保它能够有效地支持你的核心信息。**

（4）这里有个小贴士：**你整份PPT中的图片最好保持一致的风格。**在使用提示词时，最好有个统一的风格关键词。例如，你可以在所有图片的描述后面加上图片风格，如"科幻""二次元""Q版版画""赛博朋克"等。这样，无论生成多少张图片，它们都会保持统一的风格，让你的PPT看起来更加专业和协调。

由于篇幅限制，本书只介绍了通义万相。市面上还有很多其他的AI图片生成网站，如Midjourney、DALL.E 3等。这些平台操作都大同小异，同样是可以通过输入提示词来生成图片，让你的创意变为现实。建议你多试几个平台，找到最适合自己的那一个。

使用这些AI工具绘图的好处是速度快得惊人，省去了找图的烦恼。而且，如果你的描述足够精准，生成的图片质量也会相当高。另外，最大的好处是，这些图片没有版权问题，你可以放心使用。如果你不太了解如何与AI有效沟通，掌握不好描述的语言，那么输出的图片质量可能就不会太高。相反，可能会在反复输入和输出的过程中增加你找图片的时间，那就有点得不偿失了。所以，使用更专业、精准的提示词很重要。**不同类别的提示词请参考本书第10章。**

7.6 用AI做"真·艺术字"：从此告别丑的"花字"效果

除了美观的图片，是否还想在PPT中让某些关键文字脱颖而出？没问题，同样可以用AI帮你快速打造一些既美观又实用的艺术字页面。接下来，我会带你看看如何利用AI快速创造出漂亮的艺术字。

一说起艺术字，你首先想到的是不是那些很丑的默认艺术字效果，如图7-22所示。

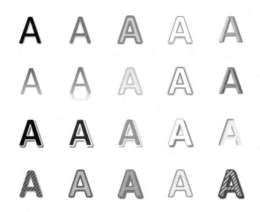

图7-22

请谨记，图7-22所示的**系统自带的艺术字，绝对不推荐**。不仅过时，颜值还低，实在配不上你的PPT。现在，AI工具可以生成一些与图片结合得非常巧妙的艺术字效果，如图7-23所示，把文字和图片结合在一起，是非常惊艳的。

图7-23

很多AI工具都可以生成这样的艺术字效果，本书推荐通义万相网站（图7-24）。

图7-24

在通义万相的应用广场中选择"艺术字"入口，即可进入生成页面，如图7-25所示。在页面上，你可以在左侧的文字内容框中输入1～4个字符，可以是中文、字母或数字。然后，选择文字的风格。这里提供了光影特效、场景融合、立体材质和艺术风格等选项。例如，你可以输入三个英文字母"PPT"，然后选择"场景融合"选项，让文字融入图片元素之中。在风格模板中，你可以选择一个雪域高原的背景。调整好比例为16∶9后，单击"生成创意艺术字"按钮。

图7-25

很快，AI帮你生成了一张带有"PPT"字样的艺术字图片，背景是雪山，如图7-26所示。可以看到文字完美地融入了图片中，这样的效果比传统的艺术字要好看得多。

图7-26

中文字同样支持，如输入"清华大学"四个字，出现的效果也很惊艳，如图7-27所示。

图7-27

　　总之，这个功能让你的文字和图片融为一体，为PPT增添了一种全新的视觉效果。在PPT的关键页面上使用这个功能，能让你的演示更加生动和引人注目。**百看不如一试**，别犹豫了，赶快尝试一下吧。

第8章

08

用细节提升PPT

划重点：
图表使用三线表。
图标风格要一致。
颜色数量不要多。
动画效果宁可无。
字体只使用两种。

8.1 图表与图标：复杂的表达，光靠文字是说不清楚的

如果我能手把手教你制作一份无懈可击的PPT，那该多好。但现实是，细节繁多，难以一一穷尽。不过，我有个秘诀：与其追求完美，不如先学会避开那些常见的PPT制作陷阱。接下来的两节，我会带你一一识别并绕过这些"雷区"。这些知识点简单明了，一旦你了解了，它们就会成为你制作PPT时的"护身符"，让你远离错误，迈向卓越。

先来介绍图表和图标。

（1）图表。

在职场中，我们常常需要使用图表展示数据和趋势。但你需要明白，PPT中的图表与Excel中的图表有着本质区别。Excel中的图表要求详细的数据和分析过程，PPT中的图表只需要展示出结论即可。

记住，PPT中的图表只是论据，不是论点，真正要表达的核心观点是图表背后的真相。**因此，在制作PPT图表时，我们可以尽量简化，我推荐使用三线表。**

如图8-1所示，左边的图表简直像迷宫。制图的小伙伴可能是个细心人，觉得每一点都值得注意，结果全用红色标注了。想象一下，一个页面满是红色数据表格，是不是有点眼花缭乱？标题"汇总表"看起来就像是"这页包含着很重要的信息，但是我就不告诉你，你要根据自己的数据理解力，从下方那满是红色数据表格中自己找"的牌子，让人摸不着头脑。要知道，播放PPT的场合时间很宝贵，谁有空一格一格地去解读图表呢？再看右边的页面，是不是感觉像是从迷宫中走了出来？这里的观点就像是个热情的导游，直接告诉你："看这里！94%是这个故事的主角！"而图表变成了一个简洁的三线表，悄悄地站在角落，不再抢风头，反而成了观点的得力助手。这样一来，你的观众瞬间秒懂，数据清晰，观点鲜明，让人印象深刻。

（2）图标。

当你在PPT制作中苦于找不到合适的图片时，不妨试试图标。**图标的本质就是形状，这些可编辑的形状可以轻松调整大小和颜色，让你的演示更具一致性**，如图8-2所示。与图片相比，图标不仅能节省你的搜索时间，还能保持整体风格的和谐统一。

图8-1

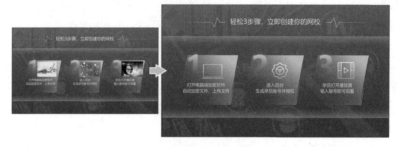

图8-2

图标是有版权的，但网上有很多网站可以免费下载一些免费的图标。我推荐你访问阿里图标网站（图8-3），它不仅是一个下载图标的绝佳资源，还可以在这里下载到其他免费资源，例如矢量图、字体等。

图8-3

在使用图标时，记住以下两点黄金法则。

● **利用格式刷**：调整好一个图标的效果后，使用格式刷将这一样式快速应用到所有图标上，省去重复劳动，让效率翻倍。

● **保持风格一致**：整个PPT中的图标颜色风格要保持统一，选择填充还是渐变，选择实心图标还是线条图标，都需要注意。总之，不要如图8-4左侧所示，三个图标三种风格，你需要避免风格混杂，别让演示的专业感打折扣。

图8-4

8.2 颜色与动画：别让PPT中的配角"喧宾夺主"

你以为一份好看的PPT就得五颜六色，动画满天飞？其实，这种想法大错特错。颜色和动画确实能让PPT看起来更炫，但它们只是PPT的装饰，而不是核心。真正决定PPT成败的是内容。一份优秀的PPT，不管有没有花哨的动画或鲜艳的颜色，只要能清晰、有效地传达信息，就已经是成功的。

颜色和动画就像是蛋糕上的糖霜，它们可以让你已经很棒的PPT更加完美，但如果你指望它们来拯救一个本身就不够好的PPT，那就**有点想多了**。记住，**颜色和动画永远是配角，**让它们恰到好处地衬托出内容的精彩**就够了**。

（1）颜色。

在PPT的世界里，颜色的运用需要匠心独运——这可不是说对颜色要用加法，而是要用减法，过多花哨的色彩可能会让演示变得混乱，如图8-5所示。

图8-5

那么，如何把握颜色的数量和选择呢？我的建议是，简洁至上，两种颜色足够了。

做个小游戏，你能说出图8-6中有几种颜色吗？揭晓答案之前，建议你先合上书，认真思考一下。

图8-6

答案是两种颜色：蓝色和绿色。这里的关键是，颜色深浅的变化其实算作同一种颜色。例如，深蓝色和浅蓝色被视为一种颜色，辅助的绿色也是如此，不管它是深是浅。这样的设计理念让你在保持色彩协调的同时，还能灵活地展现出你的设计风格。简单来说，就是在统一的色调中，通过不同的阴影和明暗来创造层次和视觉兴趣。

看到图8-6，你可能会挠头：那白色的标题怎么算呢？其实白色的标题文字并不算作一种颜色。因为在色彩理论中，黑色、白色和灰色并不被纳入颜色的范畴，它们只是亮度的不同表现。现在你应该明白了，在以后的PPT设计中，**黑白两色可以自由使用，随意搭配，因为它们不会影响你的色彩搭配原则**。

建议你在PPT中使用黑白搭配公司LOGO的颜色。假设你公司的LOGO是红色，那么红色就可以成为你的主色调。这样一来，你的PPT不仅能够体现出公司的特色，还能保持整体的色彩协调性。

背景色也是一门学问。会议室光线充足，窗户大开的场合，浅色或白色的背景能更好地映衬出内容的清晰度；而在夜晚或者封闭的环境，深色背景则能帮助观众更好地集中注意力。

再跟你分享几个关于色彩心理学的知识。

- 蓝色：蓝色通常被认为是**专业、稳定和可靠**的象征，适用于商务、科技和工程等正式场合。深蓝色可以传达权威和信任，浅蓝色则可以传达清新和宁静的感觉。
- 绿色：绿色通常被认为是**自然、环保和健康**的象征，适用于环保、医疗和健康等场合。深绿色可以传达稳定和可靠的感觉，浅绿色则可以传达清新和活力的感觉。
- 红色：红色通常被认为是**热情、活力和力量**的象征，适用于市场营销、创意和艺术等场合。深红色可以传达权威和力量，浅红色则可以传达浪漫和温柔的感觉。
- 黄色：黄色通常被认为是**明亮、乐观和积极**的象征，适用于教育和培训、市场营销等场合。深黄色可以传达温暖和舒适的感觉，浅黄色则可以传达清新和活力的感觉。
- 紫色：紫色通常被认为是**神秘、高贵和浪漫**的象征，适用于创意和艺术、高端品牌等场合。深紫色可以传达神秘和高贵的感觉，浅紫色则可以传达浪漫和温柔的感觉。
- **黑色**：黑色通常被认为是**正式、权威和高端**的象征，适用于商务、科技和工程等正式场合。黑色可以传达专业和权威的感觉，同时也可以用作背景色来突出其他颜色。
- 白色：白色通常被认为是**干净、简单和和平**的象征，适用于各种场合。白色可以传达纯净和简单的感觉，同时也可以用作背景色来突出其他颜色。
- 灰色：灰色通常被认为是**中性、稳重和保守**的象征，适用于各种场合。深灰色可以传达稳重和保守的感觉，浅灰色则可以传达清新和宁静的感觉。

（2）**动画**。

在探讨PPT制作的技巧时，我们并未深入讨论动画。这是因为动画在纸质书籍中的展示受到限制，而且在PPT演示中，它并非核心要素。一份优秀的PPT，即使没有动画，只要内容精良，同样可以表现出色。如果动画使用得当，它确实能为PPT增添画龙点睛的效果。但是，如果PPT内容本身不够扎实，过度依赖花哨的动画反而适得其反，造成视觉上的混乱。

如果让我说，关于动画的使用，最核心的一句话就是，**最尴尬的情况是让台上台下的观众一起等待动画结束**。因此，我们必须谨慎地使用动画，确保它辅助内容的传达，而不是分散观众的注意力。

8.3 字体的使用：免费无版权字体大推荐

在PPT设计中，精心挑选和应用合适的字体，能够强化信息的传达，使观众的注意力更集中在内容上，从而提升整个演示的专业性与说服力。很多时候，只要选对了字体，就能让观众的目光牢牢锁定在你的内容上。下面为你推荐一些我精心挑选的字体，合理使用它们，你的演示专业度"噌噌噌"往上涨，说服力也跟着"噌噌噌"往上涨。

先说最重要的字体建议：**一份PPT，两种字体足够**。选择一种特殊字体，用于吸引眼球的标题和关键词；正文字体，则推荐使用清晰易读的"微软雅黑"。

如果你不满足，想更好地设计PPT，以下是一些精选的免费可商用字体推荐（图片由网友"水稻呀"提供，并感谢这些努力创作、无私奉献的字体设计者们）。

（1）推荐用于正文或标题的字体如图8-7所示。

图8-7

（2）推荐只用于标题的字体，如图8-8所示。

图8-8

图8-8（续1）

图8-8（续2）

图8-8（续3）

图8-7和图8-8的字体可以在各类字体网站下载。这里推荐一个号称"专门收集整理免费商业字体"的网站，如图8-9所示。

图8-9

再推荐一个字体查询网站，想要快速查看自己安装的字体使用授权情况，可以直接登录360查字体网（图8-10）。网站会快速扫描你计算机中的所有字体，把可商用的一系列字体列举出来。

图8-10

无论你选用了哪种字体，我们的最终目的都是清晰地传达信息。**字体只是达到目的的手段，不是目的本身**。在设计PPT时，始终要把清晰传达信息放在第一位，别让字体选择分散了观众对你内容的关注。记住，内容才是王道。

第9章

用场景案例助力实战

划重点：
晋升报告的场景：别人不是看你读PPT
重点工作的场景：展示自己能力的舞台
突出核心的场景：观点是一句能记住的话
明天就要的场景：完成比完美更重要

9.1 岗位选聘或晋升述职场景：别人是希望看你，不是看你念PPT

在职场这条路上，岗位选聘或晋升述职是你职业发展的关键时刻。在这些关键时刻，你可以向评委展示你的才华、成就，以及对未来的规划。这不仅仅是对你过去努力的认可，更是你展现自己价值、争取更高职位的黄金机会。在这个舞台上，每一个细节都可能影响评委的决策。你的言辞、举止，以及辅助你陈述的PPT，都是展现你专业性的重要组成部分。

在这个至关重要的时刻，绝对不应该让PPT拖你的后腿——一份设计糟糕、内容混乱、技术上出问题的PPT，可能会削弱你的观点，让你在竞争中处于不利地位。相反，一份清晰、专业、充满创意的PPT，能够有效地支持你的陈述，让你的观点更加生动有力，让你在激烈的竞争中脱颖而出。下次面对岗位选聘或晋升述职时，你可以这样做。

（1）**观点突出**。在晋升述职报告中，要牢记你是主角，PPT则是辅助的视觉工具。精心准备和呈现，可成为锦上添花的加分项，展示独特的职场能力。

（2）**你是主角，别人是希望看你，不是看你念PPT**。如果你只会照着 PPT 念稿，对象根本对你无感。当然，如果其他人都只会照着PPT念稿，而你没有，你将获得更多的关注。

（3）**听众不同，表达不同**。要切记，述职报告PPT并非罗列事务的清单，而是有层次地进行演示。例如，如果你的述职对象是直属上级，他们对你的工作情况应该非常了解，因此不必过多赘述具体工作内容。相反，应着重展示如何完成工作以及未来的提升计划。若你的听众是越级领导，例如公司大领导，那就需要突出你的工作亮点和对部门的贡献等关键信息。总的来说，**根据听众对象的不同，有选择地呈现主次内容，能够更加有针对性地展示你的职业价值**。

（4）**岗位说明**。晋升述职报告PPT，可以说是你本人在未来岗位的使用说明书，最吸引听众对象的就是封面标题。除了标题文字可以突出个性化外，切记不要使用那些网上随意下载的商务图片，这样展现不出个性。建议你**加入一张自信的个人正装照片**（涉及肖像权，就用笔者照片展示），这个形象照符合未来岗位的着装要求，如图9-1所示。

图9-1

（5）**用1-3-5-7法则**。制作晋升述职报告PPT时，**推荐 1-3-5-7 法则：**每页幻灯片一个中心思想，不超过3个大部分内容，具体每页最多5行文字要点，每行要点最多包含7个字。

（6）**内容简洁**。PPT文字部分不看字的多少，记住，PPT不是文稿，而是演示。PPT页面内容一定要简洁，哪怕每页只有一两句话。

（7）**讲个故事**。晋升述职PPT报告中的内容不推荐罗列型，最好是故事型。推荐你**以SCQA 的结构来进行表达和展示PPT内容架构：**

S（Situation）	情景	由大家都熟悉的情景、事实引入
C（Complication）	冲突	实际面临的困境/冲突
Q（Question）	疑问	你是怎么分析问题的
A（Answer）	回答	你是怎么解决问题的

（8）**讲个挑战**。具体来说，罗列一堆成绩不如讲一个更有代表性的故事，这个故事体现了你所具备的、也是在新岗位所需要的优秀特质。你可以**将PPT的标题用一句疑问句引入情境（Situation），结论用一句可复制的经验作为金句回答（Answer）**，这样听众不会增加认知负担，对你的报告会更加印象深刻。例如，你是一位摄影师，你参与或者负责过某一个具体的项目，其中遇到问题，讲讲你是如何解决这个问题的。如果最终解决方案大家可能大同小异，那么你与其他摄影师在解决问题时，差别具体是什么，如图9-2所示。与其一点点地讲摄影工作中的沟通要点，不如直接讲一个你沟通的实际案例："遇到不听专业指导的客户该怎么办？"这样的分享，让听众不仅记住了你的故事，也记住了你作为一个解决问题的专家的形象。

图9-2

（9）**数字不如背后的逻辑。在展示数据成绩时，不要只展示一个数字，而是该把数字背后的逻辑讲清楚**。例如，你今年目前工作业绩是公司APP全球下载用户增长至750万，超过公司年初目标。你就应该在PPT醒目的标题位置中写出"完成全球用户增长数目标"，如图9-3所示。

图9-3

（10）**有亮点，视觉化**。述职报告的PPT一定要**视觉化地展示成绩**。例如设计师设计海报，这一年设计了50张海报，其中90%得到用户高度肯定，其中有哪几张反响特别好，就把这几张特别放大展示；例如程序员优化流程，这一年修复了近100个漏洞并升级，就把最新版本的软件截图放在PPT上，因为能升级到最新版的软件，一定有你的一份功劳，如图9-4所示。

图9-4

（11）**不要超时。现场呈现效果比你准备饱满内容更重要，所以述职时千万不要超时。**时间不够时，一些打算展开细讲的就别展开了，一些可讲可不讲的就坚决舍弃。建议你在准备内容时，最好为做述职报告预留半分钟的时间，以应对现场互动等突发情况。

（12）**语速稳重，说话清晰。**通常来说，晋升后都是更偏管理岗位，你的沉稳就显得很重要。如果在做述职报告时语速过快、PPT翻页过快，都容易给人留下浮躁的印象。一般述职时间为5~20分钟不等，**推荐语速为200字/分钟内，推荐PPT平均每页停留时间不低于45秒**。如果是一个10分钟的晋升述职报告，演讲字数就控制在2000字以内，PPT页数最好不超过13页。

9.2 向重要领导做重要汇报场景：不能随便改改上次做的PPT交差

在职场生涯中，有些时刻是至关重要的，例如向关键领导汇报工作进展或者做重要提案，这些时候，你的表现不仅关乎你的工作成果，更是你职业素养和能力的体现。如果在这类重要场合，精心准备做出一份出色的PPT，甚至让领导从此对你印象深刻，你可以看看下面这些建议。

（1）对自己有期待的职场人，不要一接到做PPT的任务，就想着用之前做过的类似PPT修改应付交差。你这样想：这次做PPT不是一项体力活动，而**是你展示能力的一次绝佳机会**。例如这次的任务，哪怕只有10页PPT，都是你在大领导面前展示自己工作成果的机会，也是向部门领导学习的好机会。

（2）先别急着做，所有重要任务开始前，先要确定目标方向，PPT也不例外。在开始制作PPT前，你必须同部门领导沟通本次汇报的目标和方向。**这样可以保证你的PPT工作不会出现大的返工**。

（3）大可不必全盘否定以前用过的PPT，你可以把它们作为你的PPT素材。例如，以前的PPT中有很多图片、文字、数据等，你都可以借用到自己的PPT中。

（4）不要想着10页的PPT能传递很多内容。一般**10页左右的PPT能说清楚一个问题就很好了**。你可以在开始制作PPT前，就和部门领导一起确定那个最想展示的点，因为这个点就是你PPT的核心点。这样做减法，让你可以集中精力思考深度的重点问题。

（5）给别人看的PPT不要只关心自己的喜好，而是**要尊重观看者的喜好**。如果可以，在开始制作PPT前，最好能确定一下大领导的观看喜好。例如大领导喜欢"要红要大"的重点突出，你就可以把加大红色的字体作为你PPT页面的视觉摩擦点增加对比；例如大领导不喜欢飞来飞去的动画效果，你就应该减少动画的使用。

（6）公司内部的汇报PPT，不用花大量的时间用在视觉美化上。你可以用一种简单高效的方法：**重用元素**。就是把之前PPT中就存在的元素重新排版利用，哪怕只是放大放小、移动位置这样的基本操作，都能让你的PPT看上去新颖不少。如图9-5所示，放大公司LOGO，或者放大图片元素都是很好的重用元素方式。

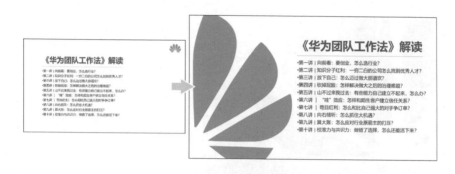

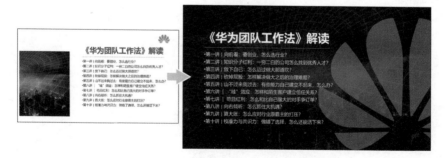

图9-5

（7）替换以往PPT中那些"千年不变"的图片。**避免使用那些在以往每份PPT中频繁出现的图片素材**。人们对于相同的图像可能产生审美疲劳，因此替换图片是最稳妥也是最方便的做法，使PPT焕然一新。通过选择新颖的图片元素，你能够吸引观众的视觉注意力，让整个演示更具吸引力。记得确保新图片与汇报内容相符，形成更具说服力的展示效果。这样的改变能够为你的PPT注入新的活力，使其更具吸引力和创意。

（8）如果以往的PPT有幻灯片翻页切换效果，建议重新更换所有幻灯片页的翻页切换效果。这个操作简单，效果却很好。单击一页幻灯片，选定切换效果后，只需要单击"应用到全部"按钮，就可以一键完成切换，如图9-6所示。

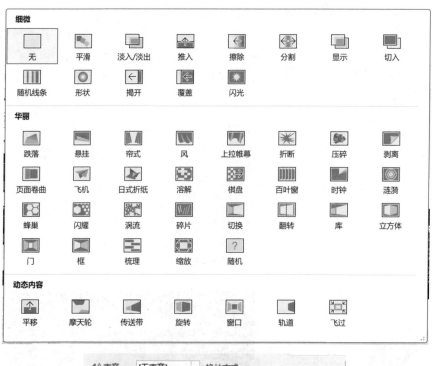

图9-6

（9）不要一做完最后一页PPT就匆匆交稿，务必记得最后仔细检查一遍，确保没有出现错误、别字等纰漏。这个要求虽然看似简单，很多人却容易忽视。在检查时，注意排版是否一致，语句是否通顺，图片是否清晰，避免出现任何可能影响汇报效果的细节问题。这种细致入微的态度表明你对工作的认真程度，有助于提升你的专业形象。

9.3 需要观众记住核心观点的场合：先想再做，告别流水账

在需要观众记住核心观点的场合，例如汇报工作、演讲或者展示项目，记住一句话："先想再做，告别流水账。"这意味着在开始之前，你需要先花时间思考和规划，明确你要传达的核心信息。这样做的好处是，你的PPT或者演讲会更有针对性，更能抓住观众的注意力，而不是简单地罗列事实，让观众感觉像是在听流水账。记住，清晰、有重点的展示比冗长的信息更能留下深刻的印象。

我上面这段话其实就是翻来覆去的废话，你听着觉得很有道理，但过了一会儿你什么都不会记住。所以你只需要记住一句话：**流水账没人记得住**。具体你可以这样做。

（1）**PPT内容越多，观众记住得越少，你需要先想再做**。想通过PPT传递核心观点，不是靠模板、字体或者动画。你需要在动手制作PPT前，花时间简单思考几个问题。

- 为什么非要做这份PPT？光讲为什么不行？
- 我的观众是谁？他们有什么样的信息储备？
- 我放映的限制有哪些？时间长短、会场大小、幕布大小？
- 如果以上3个问题你都有答案了，你就可以思考最后一个问题：当上会结束，已经成功到达了自己的目的，那一定是展示了一份怎样的PPT？

通过上面几个问题的思考，可以帮你厘清思路，分清主次，制作时可以少走弯路，节约时间。

（2）**试着一份PPT只传递一个核心观点**。如果你的PPT中都是重点，那就没有重点。再加上，通常上会的PPT不只你一份，所以观众能记住的点就非常少。这就要求你需要事先想清楚，如果只让观众记住一件事，是什么？这件事就是你的核心观点。如图9-7所示，这几页PPT是笔者为罗振宇先生制作的演讲PPT，都是很简单的一两句话。

图9-7

（3）**构思时画出思维导图**。不是你讲的所有信息观众都能理解，你想传递核心观点给观众，就需要有他们能理解的表达逻辑。你可以试着画出思维导图，把你的核心观点进行拆解，试着从不同角度去论证你的观点。当然，你不习惯使用思维导图，用手写草稿或者列个清单，都是可以的——关键是，你必须把你的想法记录下来。

（4）**架构演示模型，对应到关键页**。将你的思维导图标题做成PPT封面；将拆解出来的子论点做成目录页和转场页；将二级子论点做成内容页的标题，如图9-8所示。

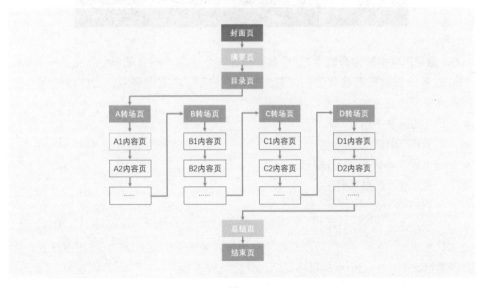

图9-8

（5）**将你的PPT封面标题改成核心观点**。相比起PPT内容页，通常观众会更多看你的封面页。可能你之前做的PPT封面标题通常是《上半年工作汇报》或者《A产品市场前景分析》之类。要知道，这样的标题，传递的只是信息，不是观点。你可以试试将标题改为《上半年工作汇报：签单率提前完成全年目标》或者《A产品市场前景分析：红海市场中需要找到更多本产品卖点》。试着将观点加入你的标题，这时观众就会对你的观点方向略知一二，才有兴趣听你接下来阐述的观点。如图9-9所示，将"红海市场中需找更多产品卖点"作为主标题，将原来的"A产品市场前景分析"非观点化的信息弱化，反而能更加突显你的核心观点。

图9-9

（6）**谨记PPT中的神奇数字7**。你需要破除一个妄念：观众是不会看完你PPT中的所有信息的，过多的信息反而会让他们注意力超载。将PPT内容做删减，对你传递观点至关重要。推荐你使用注意力的"神奇数字7法则"。

- PPT的目录不超过7条。
- 一页PPT中要点不超过7点。
- 一大段文字内容不超过7行。
- 一页PPT不超过7张图片。
- 一张表格不超过7栏。
- 一张图表不超过7个序列。

如果你发现7个不够，很有可能是你没有想好，或者它们没有MECE（相互独立、完全穷尽）。通常情况下，3～5个点就足够说明一件复杂的事情。

（7）**核心观点的内容需要视觉"摩擦点"**。PPT是视觉化的呈现观点，所以你需要遵从视觉化的展示逻辑。在PPT上，人们的视线更喜欢停留在那些不一样的地方，这些地方就是视觉"摩擦点"。你可以将那些证明观点的页面作为重点页面，将那些关键文字作为特别文字进行差异化处理。让观众看到这些"摩擦点"，这样他们就会对你的观点更记忆深刻。你需要注意的是，视觉"摩擦点"虽然好看，但不能滥用。只能用于重点页面和重点文字上。为你推荐几种效果很好的文字突出方式，如图9-10所示。

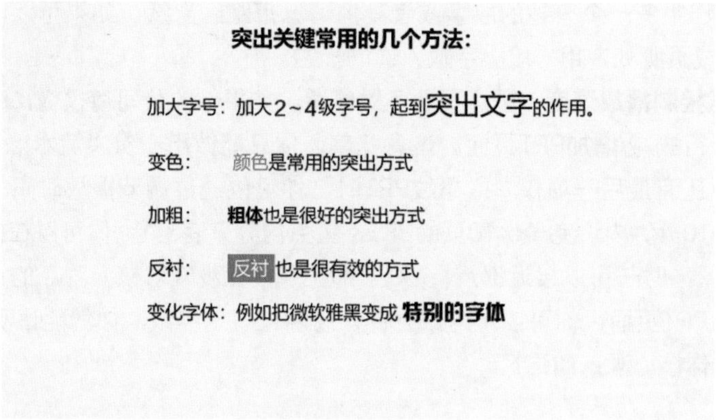

图9-10

（8）**在传递有颠覆性的观点时，尽量多用对比呈现内容**。你的观点不一定所有人都认可，在内容呈现上，使用对比是一个不错的方式，你可以从正反两面去说明。在PPT中使用对比，有天然的视觉化优势，你可以将页面一分为二，左右两侧就是两种不同的内容，其最终目的就是同时呈现两种差异化内容，这样可以制造戏剧性的冲突，强化观众对你观点的记忆。

（9）**弱化你不想强调的内容**。不是所有内容都值得被写入PPT，很多时候，少点内容反而更让你的核心观点突显。你需要有主有次，要知道，不是所有页面都需要被平均分配内容。例如你做《上半年工作汇报：签单率提前完成全年目标》时，你重点想突出的就是工作亮点——签单率提前完成。那其他的指标（例如利润率、完成率、转换率等）都不是你的核心观点，你可以把它们统一放在一页PPT中。呈现时快速简略地介绍一下即可，不用喧宾夺主。

（10）**增加支撑PPT最核心观点的真实图片和客观数据**。想让观众记住你的观点，光有论点是不够的，你需要尽可能多地找到你的论据，加大它们在PPT中的比重。例如你做《A产品市场前景分析：红海市场中需找更多本产品卖点》这份PPT时，你需要证明：为什么你说A产品目前处于红海——也许需要你从市场、供给、需求三方面做三页PPT单独阐述，这些PPT里面需要有合理客观的数据和事实。观众喜欢真相，你可以将文字描述改成真实的图片，将客观数据做成有逻辑的图表。

（11）**将你的PPT封底页直接复制封面页**。PPT封底页不要写"谢谢"之类的废话。要想观点突出，需要保证它的"出镜率"，PPT封面封底都是最好的两个位置。将观点放在封底，其实还有一个好处，结尾总结全篇PPT，让观众的思路再次回到你的核心观点上，而不是被你讲PPT过程中的一个有趣的故事或者其他信息带跑。当然，如果可以，你甚至可以在PPT每页的页眉或页脚处，用一段小字放入你的标题。

（12）**注意控制播放速度，重点页面多做停留**。如果你的公司有模板，公司要求必须套用模板，不得自行删减/增加PPT页面。这意味着，你只能做出一份"流水账"式的PPT。不过也没关系，你还有最后一项权力：播放PPT时，你可以通过调节播放时间的长短来突出重点。例如你需要10分钟内讲完一份10页的PPT，重点内容只有3页，你可以在传递核心观点的那3页上多做停留，时长可以接近8分钟；对于那些只会让观众对核心观点的记忆耗散、不能突出核心观点的PPT页面，你可以用两三分钟快速翻过。这样做，你就能让观众70%～80%的注意力都是对你核心观点的记忆。

9.4 "明天就要"的场景：又快又好PPT这样处理

我们经常会遇到一种情况，今天都快下班了，领导突然要求你制作一份PPT说明天早上就要用。这时，时间紧任务重，我们常常不得不加班加点，甚至通宵达旦。其实，在这么短的时间内，领导也不会期望你做出一份多么完美的PPT，你要确保它没有重大错误就行了。接下来，我会带你避免一些常见错误，这样可以快速提升PPT的质量，让你在有限的时间内做出一个合格的作品。

（1）通常，面对时间紧任务重的情况，**完成比完美更重要**。

（2）PPT中的元素，颜色不要太多，**最好控制在两种以内**，只有一种颜色也是可以的。你要注意，**黑、白、灰这三种色可以多用**，因为它们只是亮度不算颜色。

（3）如果你的公司有PPT模板，那直接使用其主题颜色；或者直接使用公司LOGO的主色作为PPT的主题颜色。

（4）不要用"宋体""楷体""隶书"等衬线字体，建议使用"等线"或者"微软雅黑"等横竖都一样的无衬线字体。

（5）整份PPT中的字体，建议只用一种。你可以使用"替换字体"功能快速实现字体统一替换，如图9-11所示。

图9-11

（6）PPT中的文字不是越多越好，你可以将重复性、描述性、原因性、解释性的文字统统删除，**只留下传达核心信息的客观性短句**，这可以让你的页面看上去简洁干净。

（7）不要将正文文字放得太大。人们只看你的标题，通常情况下，没人会逐字地看正文。如果不能删除文字，你可以**将PPT正文字体全部缩小，同时段落间距调整为1.2**，如图9-12所示。

图9-12

（8）不要把每一页都做得满满当当，试着**放小元素，四周留出足够的页面空间**。放心，投影出来字会很大，观众能看清楚你的内容，如图9-13所示。

图9-13

（9）你需要把图片进行裁剪，只保留核心部分。那些与表达主题无关的部分，都可以裁剪掉。

（10）每张**图片都不能拉伸变形**，你需要等比缩放图片大小。

（11）如果你有一句金句或者一页想传递的重要信息。试着用全图型的方式展现，哪怕文字就放在页面正中，这也会让你的PPT瞬间高端，如图9-14所示。

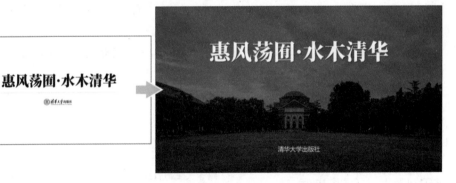

图9-14

（12）你可以套用一个有设计感的PPT模板，但请遵从以上11条建议。

第10章

文生图提示词

10.1 常用主体关键词

10.1.1 职业人物

Software Developer	软件开发者
Data Scientist	数据科学家
Nurse	护士
Teacher	教师
Engineer	工程师
Accountant	会计师
Marketing Manager	市场营销经理
Graphic Designer	平面设计师
Project Manager	项目经理
Web Developer	网页开发者
Human Resources Manager	人力资源经理
Sales Representative	销售代表
IT Support Specialist	信息技术支持专家
Lawyer	律师
Physician	医生
Pharmacist	药剂师
Dentist	牙医
Physical Therapist	物理治疗师
Psychologist	心理学家
Social Worker	社会工作者
Veterinarian	兽医
Architect	建筑师
Civil Engineer	土木工程师
Mechanical Engineer	机械工程师

续表

Software Developer	软件开发者
Electrical Engineer	电气工程师
Environmental Scientist	环境科学家
Biologist	生物学家
Chemist	化学家
Physicist	物理学家
Research Scientist	研究科学家
Financial Analyst	金融分析师
Investment Banker	投资银行家
Insurance Agent	保险代理人
Real Estate Agent	房地产经纪人
Chef	厨师
Restaurant Manager	餐厅经理
Hotel Manager	酒店经理
Flight Attendant	空乘人员
Pilot	飞行员
Travel Agent	旅行代理
Event Planner	活动策划者
Fashion Designer	时尚设计师
Interior Designer	室内设计师
Photographer	摄影师
Videographer	摄像师
Journalist	记者
Editor	编辑
Public Relations Specialist	公关专家
Advertising Executive	广告执行
Copywriter	广告文案
Content Writer	内容撰写者
SEO Specialist	搜索引擎优化专家
Digital Marketer	数字营销专家
Ecommerce Manager	电子商务经理

续表

Software Developer	软件开发者
Supply Chain Manager	供应链经理
Logistics Manager	物流经理
Quality Assurance Analyst	质量保证分析师
Product Manager	产品经理
UX Designer	用户体验设计师
UI Designer	用户界面设计师
Mobile App Developer	移动应用开发者
Game Developer	游戏开发者
Network Administrator	网络管理员
Cybersecurity Analyst	网络安全分析师
Database Administrator	数据库管理员
Systems Analyst	系统分析师
Cloud Engineer	云工程师
DevOps Engineer	DevOps工程师
Artificial Intelligence Engineer	人工智能工程师
Robotics Engineer	机器人工程师
Drone Operator	无人机操作员
3D Modeler	三维建模师
Animator	动画师
Audio Engineer	音频工程师
Music Producer	音乐制作人
Film Director	电影导演
Screenwriter	编剧
Actor	演员
Dancer	舞者
Choreographer	舞蹈编导
Art Director	艺术指导
Curator	策展人
Museum Director	博物馆馆长
Librarian	图书馆员

续表

Software Developer	软件开发者
Archivist	档案管理员
Historian	历史学家
Linguist	语言学家
Translator	翻译
Interpreter	口译员
Paralegal	律师助理
Court Reporter	法庭记录员
Bailiff	法警
Police Officer	警察
Firefighter	消防员
Emergency Medical Tecдician	急救医疗技术员
Paramedic	急救医生
Occupational Therapist	职业治疗师
Speech Therapist	语言治疗师
Optometrist	验光师
Optician	眼镜师

10.1.2 发型

Bob	波波头
Pixie	短发
Shag	碎发
Lob (long bob)	长波波头
Layers	分层发型
Bangs	刘海
Fringe	前刘海
Curls	卷发
Waves	波浪发
Straight	直发
Ponytail	马尾辫

Bun	发髻
Braids	辫子
Updo	发髻发式
Long hair	长发
Waist length hair	齐腰长发
Shoulder length hair	齐肩长发
Medium length hair	中长发
Short hair	短发
Frizzled hair	卷卷的头发
Straight hair	垂顺的头发
Disheveled hair	乱蓬蓬的头发
Glossy hair	有光泽的头发
Wavy hair	波浪状的头发
Thick hair	浓密的头发
Thin hair	稀疏的头发
Ponytail	马尾
Beehive	蜂窝头
Cornrows	满头小辫子
Bareheaded	光头
Afro	爆炸头

10.1.3　情绪类

happy	开心、快乐的
moody	暗黑的
dark	黑暗的
hopeful	充满希望的
anxious	焦虑的
depressed	沮丧的
elated	高兴的
upset	难过的

续表

fearful	令人恐惧的
hateful	令人憎恨的
excited	兴奋
angry	生气
afraid	害怕
disgusted	厌恶
surprised	惊喜

10.1.4 衣服

T	shirt
T恤衫	
Shirt	衬衫
Sweater	毛衣
Hoodie	卫衣
Coat	外套
Jacket	夹克
Overcoat	大衣
Vest	背心
Sportswear	运动服
Leather jacket	皮衣
Dress	连衣裙
Skirt	裙子
Jeans	牛仔裤
Casual pants	休闲裤
outerwear	外套/外衣
blazer	西装上衣
trench coat	风衣
wrap coal	系带大衣
jacket	夹克
denim jacket	牛仔外套

续表

T	shirt
down jacket	羽绒服
leather jacket	皮衣
cardigan	开衫
knit cardigan	针织开衫
zip up hoodie	带拉链的连帽卫衣
vest	背心外套
down vest	羽绒背心
tank tops	无袖背心
blouse	女士衬衫
Medieval armor	中世纪盔甲
Monk's robe	法师袍
School uniform	校服

10.1.5　鞋子

Sneakers	运动鞋
Boots	靴子
Sandals	凉鞋
Loafers	便鞋
Oxfords	牛津鞋
Mules	拖鞋
Pumps	泵鞋
Flats	平底鞋
Wedges	楔形鞋
Espadrilles	帆布鞋
Slides	人字拖
Flipflops	人字拖鞋
Clogs	木屐
High heeled shoes	高跟鞋

10.2 常用环境关键词

10.2.1 背景画面

dark background	深色背景
white background	白色背景
black background	黑色背景
gray background	灰色背景
cosmic background	宇宙背景
magic background	魔幻背景
desert background	沙漠背景
sky background	天空背景
ocean background	海洋背景
forest background	森林背景
street scenery	街景
universalcosmos	宇宙
underwater	水下
Castle in the Sky	天空之城

10.2.2 天气特效

Raindrops	雨滴
Lightning	闪电
Thunderstorm	雷暴
Hurricane	飓风
Snowflakes	雪花
Torrential Rain	暴雨
Hail	冰雹

Fog	雾气
Thunder and Lightning	雷电
Rainbow	彩虹
Tornado	龙卷风
Shower	阵雨
Thunder Shower	雷雨
Storm	暴风雨
Tempest	风暴

10.2.3 光线特效

Rembrandt light	伦勃朗光
Warm light	暖光
hard lighting	强光
dramatic lighting	舞台灯光
natural lighting	自然灯光
Crepuscular Ray	黄昏射线
beautiful lighting	好看的灯光
soft light	柔软的光线
Cinematic light	电影光
Volumetric light	立体光
Studio light	影棚光
Raking light	侧光
Edge light	边缘光
Back light	逆光
bright	明亮的光线
Top light	顶光
Rim light	轮廓光
Morning light	晨光
Sun light	太阳光
Golden hour light	黄金时光

续表

Cold light	冷光
Dramatic light	戏剧光
Cyberpunk light	赛博朋克光
reflection light	反光
mapping light	映射光
atmospheric lighting	气氛照明
volumetric lighting	层次光
mood lighting	情绪照明
fluorescent lighting	荧光灯
outer space view	外太空光
bisexual lighting	双性照明
Split Lighting	分体照明
clean background trending	干净的背景趋势
global illuminations	全局照明

10.2.4 色彩特效

muted	柔和
bright	明亮
monochromatic	单色
colorful	彩色
neon shades	霓虹色调
Gold and silver tone	金银色调
white and pink tone	白色和粉红色调
yellow and black tone	黄黑色调
red and black tone	红黑色调
black background centered	黑色背景为中心
colourful color matching	多色彩搭配
rich color palette	多彩的色调
Luminance	亮度
the low purity tone	低纯度色调

续表

the high purity tone	高纯度色调
red	红色
white	白色
black	黑色
green	绿色
yellow	黄色
blue	蓝色
purple	紫色
gray	灰色
brown	棕色
tan	褐色
cyan	青色
orange	橙色
contrast	对比度

10.3 常用风格关键词

10.3.1 漫画风格

Disney Style	迪士尼风格
Pixar style	皮克斯风格
Superhero	超级英雄
Western Style	欧美风格
POP MART	泡泡玛特
Q Style	Q版风格
Chibi	迷你卡通
Hyper realistic	写实风

续表

Chinese style	国潮风
Mythical Fantasy Style	神话魔幻风
Fairy Tale Style	童话风格
Oil Painting Style	油画风格
Pixel art	像素艺术
comic style	普通漫画风格
manga style	日漫风
marvel style	漫威风格
80s anime	80年代动画
Sakuragi Hanamichi	樱木花道
studio Ghibli	宫崎骏风格

10.3.2 国风

Chinese style	中式风格
hanfu	汉服
ink painting	水墨画
landscape	山水画
EtДic Art	民族艺术

10.3.3 极简风

minimalist style	极简风格
Graphic illustration	图形插画
abstract memphis	抽象孟菲斯
flat illustration	平面插画
vector illustration	矢量图
graphic logo	平面LOGO

10.3.4 游戏风

futuristic fashion	未来主义时尚
transparent PVC jacket	透明PVC夹克
street style	街头风格
neon style	霓虹风格
Wasteland Punk	废土风格
CGSociety	梦工厂动西风格
90s video game	90年代电视游戏
Warframe	星际战甲

10.3.5 其他风格

surrealism	超现实风格
oil painting	油画风格
Original	原画风格
post impressionism	后印象主义风格
digitally engraved	数字雕刻风格
poster style	海报风格
Japanese Ukiyo	日本浮世绘
Fashion	时尚
poster of Japanese graphic design	日本海报风格
french art	法国艺术
Vintage	古典风
Country style	乡村风格
risograph	ISO印刷风
inkrender	墨水渲染
retro dark vintage	复古黑暗
concept art	概念艺术
montage	剪辑
Gothic gloomy	哥特式黑暗

续表

realism	写实主义
Impressionism	印象派
Art Nouveau	新艺术风格
Rococo	新艺术
Renaissance	文艺复兴
Fauvism	野兽派
Cubism	立体派
OP Art/OpticalArt	欧普艺术/光效应艺术
Victorian	维多利亚时代
brutalist	粗犷主义
botw	旷野之息
Stained glass window	彩色玻璃窗
ink illustration	水茎插图
quilted art	桁缝艺术
partial anatomy	局部解剖
color ink on paper	彩墨纸本
doodle	涂鸦
Voynich manuscript	伏尼契手稿
book page	书页

10.4 常用构图关键词

10.4.1 视角

Full Length Shot(FLS)	全身
side	侧视图
look up	仰视

Aerial view	鸟瞰图
front, side, rear view	前视/侧视/后视
first person view	第一人称视角
third person perspective	第三人称视角
Isometric view	等距视图
close up view	特写视图
Medium Close Up(MCU)	中特写
Medium Shot(MS)	中景
Long Shot(LS)	远景
over the shoulder shot	过肩景
loose shot	松散景
high angle view	高角度视图
microscopic view	微观
two point perspective	两点透视
Three point perspective	三点透视
portrait	肖像
Elevation perspective	立面透视
scenery shot	风景照
Face Shot (VCU)	面部拍摄（VCU）
Knee Shot(KS)	膝景（KS）
Chest Shot(MCU)	胸部以上
Waist Shot(WS)	腰部以上
Knee Shot(KS)	膝盖以上
Long Shot(LS)	人占3/4
Extra Long Shot(ELS)	人在远方
Big Close Up(BCU)	头部以上

10.4.2 镜头

dof	景深
panorama	全景

续表

DSLR	单反
telephoto lens	长焦
wide angle lens	广角
satellite imagery	卫星图像
fisheye lens	鱼眼镜头
bokeh	背景虚化
lens flare	镜头光晕
drone	无人机角度
on canvas	在画布上
close up	特写
product view	产品视图
extreme closeup view	极端特写视图
a cross section view of (a walnut)	横截面图
cinematic shot	电影镜头
foreground	前景
background	背景

10.4.3 构图

Horizontal line	水平线构图
Vertical line	垂直构图
Balanced	均衡式构图
Frame	框景构图
Perspective	透视线构图
andala	曼荼罗构图
rule of thirds composition	三分法构图
Center the composition	居中构图
symmetrical the composition	对称构图

10.5 常用参数关键词

10.5.1 画面精度（画质）

high detail	高细节
hyper quality	高品质
high resolution	高分辨率
FHD,4K,8K	全高清4K、8K
8k smooth	8K流畅
highly realistic	超现实的
scene design	场景设计（适合建筑、风景等）
wall paper	壁纸
commercial photography	商业摄影
Sony Alpha a7	相机型号（也可以换成其他相机型号）
HDR	高动态光照渲染图像
real life	真实生活
space reflection	空间反射
smoothy	顺滑的
photorealistic	照相写实主义（画出与照片类似的真实效果）

10.5.2 渲染引擎

UE5	虚幻引擎
OC render	OC渲染器
C4D	C4D渲染器
V Ray	V射线
3D rendering	3D渲染
Epic epic	游戏质感
leica lens	徕卡镜头
corona render	室内渲染